地下类害虫

非洲蝼蛄成虫

沟金针虫成虫

小地老虎成虫

铜绿丽金龟幼虫

林木病害

核桃细菌性黑斑病

苗木猝倒病

松落针病

菟丝子

杨树腐烂病

食叶类害虫

白杨叶甲成虫　　　　大袋蛾幼虫　　　　柑橘凤蝶幼虫

国槐尺蛾幼虫　　　　黄刺蛾幼虫　　　　蓝目天蛾幼虫

柳毒蛾成虫　　　　美国白蛾幼虫　　　　美国白蛾成虫

松黄叶蜂成虫　　　　杨毒蛾幼虫　　　　杨毒蛾成虫

杨扇舟蛾幼虫　　　　油松毛虫幼虫　　　　油松毛虫成虫

鼠兔害

草兔

中华鼢鼠

枝梢类害虫

草履蚧雄虫

草履蚧雌虫

沙枣木虱成虫

山楂红蜘蛛成虫

松大蚜幼虫

松大蚜成虫

松梢螟成虫

小皱蝽成虫

蚱蝉成虫

种实类害虫

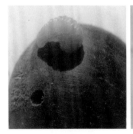
栎实象幼虫

栗实象成虫

油松球果螟成虫

蛀干类害虫

白杨透翅蛾成虫

芳香木蠹蛾幼虫

芳香木蠹蛾成虫

华山松大小蠹成虫

桃红颈天牛幼虫

桃红颈天牛成虫

杨干象成虫

杨十斑吉丁幼虫

杨十斑吉丁成虫

林业有害生物防控实用技术

陈彦斌　主编

西北农林科技大学出版社
Northwest A&F University Press
·杨凌·

图书在版编目（CIP）数据

林业有害生物防控实用技术 / 陈彦斌主编. —杨凌：
西北农林科技大学出版社，2022.10

ISBN 978-7-5683-1215-8

Ⅰ.①林… Ⅱ.①陈… Ⅲ.①森林—病虫害防治
Ⅳ.①S763

中国国家版本馆CIP数据核字（2023）第006764号

林业有害生物防控实用技术

陈彦斌　主编

出版发行	西北农林科技大学出版社
地　　址	陕西杨凌杨武路3号　　　　邮　编：712100
电　　话	总编室：029-87093195　　发行部：029-87093302
电子邮箱	press0809@163.com
印　　刷	西安浩轩印务有限公司
版　　次	2022年10月第1版
印　　次	2022年10月第1次印刷
开　　本	787mm×1092mm　　1/16
印　　张	9.25　　　插页　2
字　　数	173千字

ISBN 978-7-5683-1215-8

定价：36.00 元

本书如有印装质量问题，请与本社联系

《林业有害生物防控实用技术》
编委会

序 一

由陈彦斌高级工程师主编的《林业有害生物防控实用技术》一书出版了。在此，我向本书的编著者表示祝贺！也为我们林业有害生物防控领域有这么一本集知识性、技术性和实践性于一体的综合性著作而高兴。

陈彦斌是我的学生，在校学习期间，他十分刻苦努力，成绩优异。从西北林学院大学本科毕业后，一直在铜川市林业局从事专业技术工作。他十分热爱森林保护这项事业，全身心投入铜川市林业和园林病虫害防治工作中。由于他具有深厚的森林保护学基础知识，又在多年病虫害防治工作中勤于学习、刻苦钻研，因而积累了丰富的实际工作经验，使铜川市林业病虫害防治工作搞得有声有色，取得了很大成绩，得到了领导和省内同行的赞扬和肯定。

铜川市位于陕西中部，在"八百里秦川"的关中平原西北部，地处关中平原和陕北黄土高原的连接地带，辖3区1县，属温带季风气候。从地理位置上看，铜川市整体上属于黄土高原残原区，地形地貌复杂多样，山、川、原、梁、峁、台塬、沟谷、河川交错，森林植被丰富，森林覆盖率达46.5%。全市现有林地24.5万公顷，主要树种有油松、山杨、刺槐、侧柏、桐树、苹果、核桃、柿子、梨、桃等。经济林水果总产量79.16万吨/年，其中苹果75.31万吨，是铜川市重要的经济支柱产业之一。铜川虽然地处陕北黄土高原边缘，但市区园林绿化井井有条，树木郁郁葱葱，鲜花盛开，风景优美，为人们创造了一个宜人惬意的生活和工作环境。因此，铜川市被国家评为"2019中国最具幸福感城市"之一。

铜川市林业和园林绿化成绩的取得，离不开铜川林业人的艰苦努力和奉献，离不开他们的聪明和才智。多年来，铜川市林业局科学规划，精心实施，认真管护，科学防治有害生物，确保了森林和园林植物健康生长，使得林木的生态效益得以充分发挥，为铜川市的生态环境建设做出了巨大贡献。陈彦斌作为铜川市森林病虫害防治检疫站站长，在铜川市林业病虫害有效和科学防控上功不可没。他认真钻研业务，细心观察，研究每种病虫害的发生规律和特性，采取科学防控技术进行防治，最后又认真进行总结，在多年工作、总结的基础上，完成了这本《林业有害生物防控实用技术》。作为在基层生产防治第一线的科技工作者，能够在本职工作之余，完成这本著作，确实难能可贵！

本书主要涉及铜川市和我国西北地区林业有害生物的防控技术。包括有害生物的基础知识、防控理论、调查方法等，对虫害、病害、鼠害等都进行了详细论述。在各论部分，又分成地下、叶部、枝梢、蛀干、种实有害生物分门别类进行阐述。本书系统完整，繁简得当，重点突出，它不仅是森林保护工作者，也是我国北方广大农村基层干部、护林员、林场职工的工具书，同时，它也可以作为我国从事园林植保科技人员和有关大专院校师生的参考书。本书的出版，将对提升我国林业有害生物科学防控水平起到积极的推动作用。为此，我很高兴为它作序。在本书出版之际，我把它推荐给全国广大林业保护工作者。

杨忠岐

（杨忠岐，中国林业科学研究院首席科学家，国务院参事，全国政协委员）

2022年5月28日

序 二

　　林业有害生物是大自然的一种生命现象，所引发的是一类重要的自然灾害，是人类共同面临的课题。在培育森林时，从种子、苗木、幼林直至成林的整个过程中，都可能遭到各种有害生物的侵袭和危害，影响林木生长，影响森林的产量和质量，影响森林效益的发挥。有害生物的危害，破坏了森林生物地理群落系统的稳定性，影响了森林调节、平衡生态环境的机制和效应。

　　林业有害生物防控是保障国土生态安全、经济贸易安全、经济林产品安全、国家气候安全的重要工作，在实现绿色增长，保障建设美丽中国和生态文明建设成果中具有重要地位。目前，我国林业有害生物防治工作面临巨大的挑战，加快防控技术推广，提高防控工作质量和效率具有重要的意义。

　　《林业有害生物防控实用技术》一书系统完整，繁简得当，突出重点。本书将林业有害生物基本知识、防控基本知识、有害生物调查及评估、农药基本知识、主要害虫及综合防控、主要病害及综合防控、其他有害生物防控进行综合介绍，解决了一直以来病害、虫害、农药、调查、评估等分别成书，技术脱节，知识碎片化，不易学习、不易理解、不易操作的问题。本书是林业有害生物防控方面集知识性、技术性和实践性于一体的综合性读物。本书理论与实践相结合、专业知识的深度与基础知识的广度相协调、技术的应用与防控的需要相一致。

　　本书的出版，是我国林业有害生物科技资料的重要补充，对从事森林保护工作人员，特别是农村基层干部、护林员、林场职工以及部分从事林业教育和科学研究的同志有重要的参考和应用价值，对城市绿化和经济林管理均有借鉴意义。

（韩崇选，西北农林科技大学教授、研究员，全国林业科技先进工作者）

2022年5月24日于杨凌

前　言

　　林业有害生物是大自然的一种生命现象，林业有害生物引发的是一类重要的自然灾害，是人类共同面临的课题。在培育森林时，从种子、苗木、幼林直至成林的整个过程中，都可能遭到各种有害生物的侵袭和为害，影响林木生长，影响森林的产量和质量，影响森林效益的发挥。有害生物的危害，破坏了森林生物地理群落系统的稳定性，影响了森林调节、平衡生态环境的机制和效应。

　　林业有害生物防控是保障国土生态安全、经济贸易安全、经济林产品安全、国家气候安全的重要工作，在实现绿色增长，保障建设美丽中国和生态文明建设成果中具有重要地位。

　　我国是林业有害生物危害较严重的国家之一，林业有害生物达8000余种，其中有害昆虫5000多种，病原物约3000种，啮齿类有害动物160余种，有害植物30多种。可造成严重危害的有害生物有50多种，广泛分布于森林、湿地、草原、荒漠等各大生态系统中，年均发生面积1000多万公顷，直接经济损失和生态服务价值损失880亿元。入侵我国大陆并造成严重危害的外来林业有害生物36种，平均发生面积280多万公顷，造成经济损失560多亿元，林业有害生物防治工作面临前所未有的挑战。为加快防控技术推广，提高防控工作质量和效率，进一步遏制林业有害生物严重发生，我们组织有关专家和基层专业人员编写本书，旨在为基层森防人员和广大林业工作者提供较为全面的技术知识和防治方法。

　　《林业有害生物防控实用技术》一书首次将林业有害生物基本知识、防控基本知识、有害生物调查及评估、农药基本知识、主要害虫及综合防治、主要病害及综合防治、其他有害生物防治进行综合介绍，解决了一直以来病害、虫害、农药、调查、评估等分别成书，技术脱节，知识碎片化，不易学习、不易理解、不易操作的问题。本书是林业有害生物防控方面集知识性、技术性和实践性于一体的综合性读物。本书在编写过程中力求理论与实践相结合、专业知识的深度与基

1

础知识的广度相协调、技术的应用与防控的需要相一致。该书系统完整，繁简得当，重点突出。这本书的出版，对从事森林保护工作者，特别是农村基层干部、护林员、林场职工以及部分从事林业教育和科学研究的同志具有一定的参考和应用价值，对城市绿化保护和经济林管理均有借鉴意义。

由于水平有限，书中错漏之处在所难免，诚望读者批评。

编　者

2022年2月

目　　录

第一章　林业有害生物基本知识

第一节　林业有害生物概念及属性

一、林业有害生物的概念

林业有害生物，是指对林业植物及其产品、森林生态系统造成危害或者威胁的动物、植物和病原微生物。林业植物及其产品包括：乔木、灌木、竹类、花卉和其他林业植物，林木种苗、草种草皮和其他繁殖材料，木材、竹材、药材、干果、盆景和其他林产品。

二、林业有害生物具有两重属性

（一）自然属性

林业有害生物通过直接取食林木的根、茎、叶、花、果、种子，或以一定方式从林木的上述器官、组织中汲取营养，致使林木不能正常生长甚至死亡，即对林木造成了一定的"危害"。这样的生物，应该说是非常多的，因为林木作为自养生物，通过光合作用固定太阳能，制造有机物，是其他很多异养生物存在的基石。数量繁多的异养生物都要通过"危害"林木获取营养而繁衍生息，这是自然世界的一个生态现象，大家遵循"物竞天择、适者生存"的生态法则竞争生存。如果没有人为对自然生态系统干扰的话，通过亿万年的自然选择，林业有害生物虽然"危害"林木，但却不会置其于"死地"，大家你中有我，我中有你，保持着动态的平衡，林业有害生物因而也被认为实际是"无害"。

（二）社会属性

包括两个方面：一是有害生物造成的危害是对与人类利益相关的林木造成的危害。森林里的物种是非常多的，其中仅有少数是人类获得利益的目的物种，只有这些物种遭受的危害对于人类来说才是"有害"，而其他物种遭受的危害对于人类而言则无所谓"害"与"不害"。二是有害生物造成的危害对人类造成了利益损失。比如病原物、害虫给水果造成了病斑、虫斑，对于果木的生长和繁殖来说影响不大，可以忍受，但对于人类来说，则影响了果品的美观和销售，不能忍受，是有害的。又如白蜡虫、紫胶虫刺吸寄主植物，对寄主植物是有害的，但它们的分泌物白蜡和紫胶对于人类是有用的资源，因此这两种昆虫被定为益虫。而如白僵菌，被广泛用于林业害虫防治，从这个角度讲，是有益的生物，但是，假如森林旁边有种桑养蚕的，则会导致家蚕僵死，这时白僵菌对于蚕桑业则是有害生物。

第二节　林业有害生物的主要种类

一、林木病害

（一）林木病害的基本概念

林木由于所处的环境不适或受到其他生物的侵袭，使得正常的生理程序遭到干扰，细胞、组织、器官受到破坏，甚至引起植株死亡。我们把这种现象称为林木病害。

引起林木生病的原因简称为病原。病原可分为生物性病原和非生物性病原两类。生物性病原是指以林木为取食对象的寄生生物。主要的生物性病原包括真菌、细菌、病毒、类菌质体、寄生性种子植物等。引起病害的真菌和细菌统称为病原菌。凡生物性病原引起的植物病害都是有传染性的，这也是林木病害部分介绍的重点。

非生物性病原包括不适于林木正常生长的水分、温度、光照、营养物质、空气组成等一系列因素，比如水分不足引起枯萎、温度过低引起冻伤等，也叫作生理病害。凡非生物性病原引起的植物病害都没有传染性。

由于植物和病原都处在周围环境的影响之下，二者相互作用，也受周围环境的制约。植物的抗病力和病原的侵袭力，可根据环境条件的不同增强或削弱。寄生植物、病原和环境条件三者之间的相互关系是植物病害发生发展的基础。植物的抗病力、病原的侵袭力以及环境条件，都是随着时间和空间的推移而变化的。植物病害的发生要经历一个过程：植物由健康状态经过生理病变和组织形态上的病变逐渐地表现出病态来。

　　病害与机械损伤、动物咬伤、虫害的区别是：在发生病害的过程中植物本身有病理上的变化过程，而机械损伤、动物咬伤、虫害则是在损伤之后植物开始做出病理反应，最后形成病态。

（二）林木病害的主要症状

　　植物生病后所表现出来的生理、解剖和形态特征称之为病状。由病原物表现出来的特征称之为病症。以上二者合称为症状。

1.根据形态变化情况林木病害主要分为以下四种类型

　　（1）增生型。受病部分表现为细胞体积增大或数量增多。如肿瘤、丛枝等现象。

　　（2）减生型。受害部分表现为细胞体积变小或数目减少、细胞结构发育不充分等。如小叶、黄化等。

　　（3）坏死型。病部细胞和组织坏死或被解体。如斑、腐烂等。

　　（4）变色型。病部表面与健康部位颜色有明显区别。如花叶、粉霉等。

2.在生产实践中通常是根据症状的主要特点划分为如下病害类型

　　（1）白粉病类。由真菌中的白粉菌引起。多发生在叶片、幼果和嫩枝上。病斑常近圆形，其上出现很薄的白色粉层。白粉层是病害的病症。

　　（2）锈病类。由真菌中的锈菌引起。发生于枝、干、叶、果等地上部分。病部出现锈黄色的粉状物或含黄粉的泡状物和毛状物，大多形成斑块或肿瘤。

　　（3）煤污病类。由真菌引起。多发生于叶、果和小枝。病部由一层煤烟状物严密覆盖，但容易擦去。影响光合作用和呼吸作用。

　　（4）发霉。绿色、黑色、粉色、灰色的霉状物。发霉部分是已经腐烂变质的组织。霉状物是病原真菌的繁殖器官。

　　（5）斑点病类。多发生于叶、果。真菌、细菌和病毒都可以引起斑点病。病部通常变褐色，后期病部组织坏死，病斑上出现煤层、黑点或黏液等病状。

　　（6）炭疽病类。由炭疽病菌（真菌）引起。病部出现粉红色黏液状的病症。

　　（7）溃疡病类。多见于枝干的皮层。病部周围稍隆起，中央的组织坏死并干裂，常常有小黑点或盘状物。

　　（8）腐烂病类。受真菌或细菌侵染后细胞坏死、组织解体。腐烂组织带有各种气味。枝干皮部的腐烂病与溃疡病很相似，但是腐烂病病斑范围大，边缘隆起不显著，且有酒糟的气味。

　　（9）腐朽病类。专指根、干木质部变质解体。纤维素和木质素被分解，物理机械性能大大降低。

（10）流胶或流脂类。前者发生于阔叶树，后者发生于针叶树。

（11）花叶病类。大多数由病毒、类菌质体和某些生理因素引起。叶片颜色深浅不均，浓绿或浅绿夹杂，有时出现红、紫等颜色。

（12）肿瘤病类。枝、干、叶和根部形成局部性瘤或隆肿。真菌、细菌、线虫均可形成肿瘤。

（13）丛枝病类。受真菌、细菌、类菌质体及其他因素影响，顶芽生长被抑制，侧芽提前发育成小枝，小枝顶芽又重新抑制侧芽再发，如此往复形成节间短、叶片小，枝叶簇生。

（14）萎蔫病类。干旱、根系腐烂、组织堵塞等引起急剧失水，叶片萎蔫。一般为全株性发病。

（15）畸形。多种因素均可引起植物器官不正常生长而导致畸形。如肿瘤、丛枝等。

病害的症状是随着病害的发展而变化的，初期、中期、后期症状往往不同。但是，每种病害症状变化过程与特定的环境关系又是相对稳定的。也就是说，在特定条件下，病害必然表现出来特定的症状。因此，我们只要掌握了某种病害症状的变化规律，就能在各种情况下识别它。当然，因为症状有限，病原种类非常多，往往会出现不同病原引起同类症状，比如叶斑病就会因某个阶段不同病原菌引起而难以区分。

（三）林木病害的主要病原

1.非侵染性病原

引起非侵染性病害的原因多种多样，而最主要的是气候因素和土壤因素。

（1）气温。低温是引起林木病害的重要因素。幼苗、嫩枝常因霜冻而死。突然的低温也可造成成年树大面积死亡。毛白杨的破皮病就是冻害的结果，多发生在树干下部的西南和南面，皮层破裂变成黑色带臭味的胶状物，深达木质部。高温也可使土壤表面温度达到灼伤幼苗的程度。高温灼伤幼苗与猝倒病和立枯病的区别是灼伤仅在根颈部有病斑，根系完好，无腐烂现象。

（2）土壤的物理、化学性状原因使林木生长状况不良。如通风不良、缺少营养物质等。阔叶树的黄化病多是由于土壤中缺乏可溶性铁的结果。缺铁的判断是幼嫩部分淡绿色，叶脉为绿色；老叶保持绿色。一般在碱性土壤上多发生。

（3）"三废"病害。废气、废水、废渣造成空气、水质、土壤的污染对林木生长的危害。如二氧化硫、氰化物等。

（4）农药病害。如过量使用化学药剂造成的伤害等。

非侵染性病原在诊断上有时很困难，因为在一般情况下，只有当它超过某种限度时才成为病原。非侵染性病害在林间的分布往往成片，并与特殊环境有联系。发病范围比较稳定，扩展趋势不明显，植株间差距不大。而侵染性病害在林间分布在初期往往是点状发生，有明显的发病中心和扩散趋势。防止非侵染性病害的根本措施是贯彻"适地适树"原则，合理运用育苗、造林和经营措施，使立体环境适合林木的生长发育。

2.侵染性病原

（1）病原真菌。真菌是典型的多态性生物。在不同发育阶段，常表现出截然不同的形态特征。真菌的发育主要分为以下两个阶段。

真菌的营养体：真菌典型的营养体由纤细的丝状体构成，又称菌丝。是由单细胞或多细胞构成，细胞内含一个或多个细胞核，因种类不同而不同。

真菌的繁殖体：又称孢子。分为无性繁殖和有性繁殖两种，形状多样。在一个生长季中，除休眠的孢子外，多种真菌在扩展蔓延中从孢子萌发成菌丝，再由菌丝形成孢子，这样循环多次。在短时期内迅速扩大其数量，从而引起植物病害流行。在这个过程中，有的孢子可能与其周围的菌丝聚生成一个组织体，称为子实体，相当于高等植物的果实。它是真菌分类的重要依据。

真菌的主要生理特征：真菌没有叶绿素，不能进行光合作用，因此必须从外界取得现成的有机化合物。所以，真菌只能生长在有机物上，过寄生腐生生活。真菌在代谢过程中分泌出许多物质，分泌物中有些对植物具有毒害和刺激作用，这是寄生真菌引起植物病害的重要原因之一。真菌对温度的适应较广，但对水分要求较高，必须在潮湿环境下才能良好生长，特别是有些真菌只有高湿条件下才能保证萌发，因此，真菌病害在高湿条件下发生较重。

（2）病原细菌。细菌是单细胞生物，属原核生物，只有核质，没有真正的细胞核。核质和细胞质之间没有隔膜，只是处于中心部分。

林木细菌病害的主要症状有斑点、溃疡、萎蔫等。如核桃黑斑病，引起植物薄壁细胞急性死亡，叶部因受叶脉阻滞，病斑形成多角状。溃疡病是由于细菌在韧皮部蔓延引起皮层坏死。萎蔫是由于细菌从薄壁细胞组织进入维管束，引起运输通道阻断，缺水而导致。

植物细菌病害主要症状的共同特征：病害组织呈水渍状，病斑透光。在潮湿条件下，病部会向外溢出细菌黏液。各种植物病原细菌都可以从伤口侵入寄主，还可以从气孔、皮孔等自然孔口入侵。

在自然条件下，细菌传播主要依靠雨滴的溅洒作用，很少有气流或昆虫传播，因此，细菌病害的发生与猖獗，往往与湿度、雨露有密切关系。带菌的种苗是植物细菌侵染的重要来源。细菌病害的防治应着重消除侵染来源。化学药剂对细菌病害的防治效果一般不理想，仅抗生素有较好效果。减少伤口或保护伤口是防止细菌危害的重要措施。

（3）林木病原病毒和类菌质体。病毒是分布极广的微生物。受害的主要是阔叶树种，如枣疯病、泡桐丛枝病等。病毒、类菌质体都无细胞壁，为不具细胞形态的活细胞内的寄生物。两者形态上和病理上非常相似，所以不再分开介绍。

病毒是一种专性寄生物，没有细胞壁和细胞核结构，由核酸和蛋白质两部分组成。寄生于植物上的病毒所含核酸大部分为核糖核酸。寄生于细菌上的病毒所含核酸大多数为脱氧核糖核酸。病毒的核酸被包在一层蛋白质的外壳里，其致病性也主要决定于其核酸部分。

病毒的危害性在于改变寄主细胞的代谢途径，破坏正常的生理程序。病毒的主要症状：黄化、花叶、畸形、生长停滞等。丛枝现象原认为是病毒，现在认为是类菌质体。病毒病都不出现任何病症。

病毒病在症状上与生理性病害如缺素症、环境污染所致病的区别：病毒危害是在林间分散分布，周围有健康植株，且病后不能恢复健康。生理性病害是成片发病，增加营养和改善环境后，可以恢复健康。

病毒是活细胞内寄生物。病毒侵入必须有一个轻微的伤口，因为它没有破坏植物细胞壁的能力，也没有在死亡细胞上腐生生活的寄生过渡。

真菌和细菌传播主要动力是气流、水流、雨滴。大多数病毒是依靠昆虫为媒介，也有靠病株与健康株摩擦而传播的。昆虫主要是刺吸式口器的种类，如蚜虫、叶蝉等。有些病毒可以在昆虫体内长期存在，甚至传给其子代。

病毒病侵染的来源主要是活的寄主植物和昆虫。

类菌质体及其所致病害：类菌质体在形态上介于细菌与病毒之间，与病毒一样，没有细胞壁，但却有质膜。引起植物病害的大多数为黄化、丛枝和萎蔫现象。

二、林木虫害

（一）林木害虫的基本概念

林木上的有害动物有昆虫、螨类（如红蜘蛛）、蜗牛、鼠、野兔、野猪等，以昆虫为主。昆虫的种类很多，已知世界上有昆虫一百万种以上，大部分是害虫，也有益虫，如家蚕、柞蚕、蜂、白蜡虫、紫胶虫及寄生蜂、寄生蝇等，因此，我们要分清害虫和益虫。消灭害虫，保护和利用益虫。一般来说，森林害虫是指危害森林及林产品的昆虫。它们的侵袭或寄生，可使林木在形态、组织或生理、生态上发生一系列不正常的变化，导致生长发育不良，产量和质量下降，甚至引起林木或整个林分的死亡，造成生态环境恶化。

1.昆虫的形态特征

昆虫一生要经过卵、幼虫、蛹、成虫四个发育阶段。各种昆虫形态不同，且每种昆虫不同发育阶段的形态特征也不一样。我们根据这些不同特征，可以认识区别各种昆虫。

（1）卵。昆虫卵的大小和形状差别很大，外层为卵壳，表面有各种不同的刻纹和色泽。昆虫的种类众多，林业上常见的卵有圆形、近圆形、椭圆形、长圆形、馒头形、半圆形、扁圆形、具柄形、桶形等。

（2）幼虫。昆虫的幼虫一般也分头、胸、腹三部分。头部较坚硬，有单眼、触角及口器，口器一般分为"咀嚼式"和"刺吸式"。身体较柔软，前胸和尾部背面各有一块骨片，称前胸背板和尾板（臀板）。有些幼虫体表生有附着物，常见的有刚毛，刚毛基部硬化区叫作毛片，多毛的瘤状突起叫作毛瘤，坚硬不能活动的叫作刺。昆虫幼虫外部形态差别也很大，常见的有：无足型——幼虫的胸足、腹足全部退化，如蝇、蜂类幼虫，部分甲虫及潜叶蛾的幼虫；寡足型——幼虫有三对胸足，没有腹足，甲虫的幼虫大多属于这一类；多足型——幼虫除有三对胸足，还有2～8对腹足，如蛾、蝶及叶蜂幼虫等。

（3）蛹。蛹是昆虫发育的一个阶段，蛹不食不动。根据形态通常分为三类：被蛹——触角、翅、胸足等附器紧贴于蛹体表面，不能活动，如蛾、蝶类的蛹；离蛹——又叫裸蛹，触角、胸足和翅等附器可以活动，如甲虫、部分蜂类的蛹；围蛹——蛹体外层老熟，幼虫表皮未脱去，形成角质硬壳，将蛹围在当中，但其内仍是离蛹，如蝇类的蛹。

（4）成虫。成虫的身体分头、胸、腹三部分。头部一般为圆形或椭圆形，有口器，一般有一对复眼，1~3个单眼和一对触角；胸部有三节，生有三对胸足，一般有两对翅；腹部一般由10~11个体节组成，体节两边有通向体内的气管开口，叫气门，腹部末端有交尾产卵的外生殖器及产卵孔。

①触角。触角是昆虫的感觉器官，主要功能是嗅觉、触觉和听觉。一般着生在两只复眼之间或下方，有很多个可活动的环节组成，基部一节称柄节，第二节称梗节，第三节以上称鞭节。触角的形态变化很大，常见的有丝状、棒状、羽状、膝状、串珠状、鳃叶状等。

②口器。口器是昆虫的取食器官，即嘴巴。口器外形变化很大，使得昆虫取食方式也多有不同。最常见的有咀嚼式口器，如竹蝗、金龟子、蝼蛄，它们咬食树木的叶、幼枝、根等；刺吸式口器，如蝽象、蝉（知了）、蚜虫、叶蝉，它们以针状口器刺吸树木的汁液，造成卷叶萎缩。其他尚有虹吸式口器（如蛾蝶类的口器）、舐吸式口器（如蝇类的口器）、咀吸式口器（如蜜蜂的口器）等。

③眼睛。昆虫的眼睛包括单眼和复眼。复眼由许多六角形的小眼组成，单眼有背单眼和侧单眼之分。除寄生性昆虫外，一般昆虫都有一对复眼，头顶上还有1~3个背单眼（不完全变态的若虫），有的还有1~7对侧单眼（完全变态类幼虫）。昆虫能看见人类和绝大多数动物都看不到的紫外线。复眼对运动着的物体有很高的辨别能力。

④足。足是昆虫的行动器官，各种昆虫的生活环境和生活习性不同，足也发生相应的变化，但基本构造仍相同，从基部起依次称基节、转节、腿节、胫节、跗节，一般还有一对爪。足最常见的种类：天牛为步行足、竹蝗为跳跃足、蝼蛄为开掘足、螳螂为捕捉足等。

⑤翅。翅是昆虫的飞行器官，着生在中胸和后胸，翅的外形多为三角形，三个边称前缘、外缘和后缘；三个边的夹角称为肩角（基角）、顶角（翅尖）和臀角（统角）。翅内角质管称为翅脉。蛾类的翅常由不同颜色的鳞片组成斑纹，称为线和纹。根据翅的质地不同，翅又有不同的名称，如蝇类、蜂类的翅，膜质透明，叫作膜翅；竹蝗的前翅，皮革质，叫作革质翅；甲虫的前翅，坚硬成角质，叫作鞘翅；蝽类的前翅，基部为革质或角质，端部为膜质，叫作半鞘翅或半翅；蛾蝶类的翅，膜质上有很多鳞片，叫作鳞翅；蚊蝇类的后翅，特化成棍棒状，有平衡身体的作用，叫作平衡棍；甲虫、叶蝉、蝽象的成虫在中胸的背面中央、两前翅的肩处，有一个三角形的角质片，叫作小盾片。

2.昆虫的发育及其习性

（1）昆虫的生殖。绝大多数昆虫都是两性生殖，即雌性和雄性交配之后产下虫卵，然后虫卵生长为新的个体。还有的是单性繁殖，也就是卵不需要经过雄性的受精即可完成发育，即没有经过受精的卵也会生长成新的个体，亦称孤雌生殖。也有多胚生殖，即一个成熟的卵可以发育成多个新个体。有些蚜虫的生殖方式为异态交替，即根据季节的不同两性生殖和孤雌生殖交替进行。

（2）昆虫的发育。昆虫的一生，从成虫产卵到卵孵化为幼虫所需的时间叫卵期。幼虫破卵壳而出叫作孵化。初孵化的幼虫称为一龄幼虫，经一次蜕皮后称二龄幼虫，此后每蜕一次皮幼虫就增加一龄。末龄幼虫直到不再取食，停止生长，称老熟幼虫。从孵化到第一次蜕皮或前后两次蜕皮之间的时间称为龄期。老熟幼虫蜕皮变成蛹称为化蛹。从初孵化幼虫到化蛹之间的时间叫幼虫期。不完全变态的幼虫最后一次蜕皮或完全变态昆虫的成虫破蛹而出称为羽化。从化蛹到羽化为成虫叫作蛹期。羽化成虫后到死亡这段时间叫作成虫期。

（3）昆虫的变态。昆虫一生中个体在形态上的变化基本分为两类：完全变态——是昆虫一生需要经过卵、幼虫、蛹、成虫四个发育阶段，如马尾松毛虫、金龟子等；不完全变态——是昆虫一生只经过卵、幼虫或若虫、成虫三个发育阶段，如蝉、蚜虫、蝼蛄等。

（4）昆虫的世代。昆虫自卵开始至成虫性成熟能产卵为止，这一发育周期称为一个世代（即卵——幼虫——蛹——成虫或卵——若虫——成虫），也称为昆虫的生活史。昆虫在一年中的个体发育过程为年生活史。昆虫在一年中繁殖一次的叫作一年一代，如竹蝗；有几年完成一个世代的，如蝉；也有一年发生多个世代的，如杉梢小卷蛾。昆虫在同一时期，有两个不同世代的相同虫态同时存在，也称世代重叠，如蚜虫。

（5）昆虫的习性。昆虫种类繁多，活动范围极广，它的习性也各不相同，如食性、趋性、假死性、休眠滞育等。我们可以利用不同昆虫的不同习性进行调查和预测，以便有效地保护益虫，防治害虫。

①食性。按食物对象一般分为三类：植食性——以活的林木、苗木的各部位为食料，如松毛虫、地老虎等；肉食性——以别的昆虫或动物体为食料，肉食性昆虫大多为益虫，如瓢虫、螳螂、食蚜蝇等；腐蚀性——以腐朽木、衰弱木等或动物的尸体、粪便为食料，如蝇、某些小蠹虫、部分金龟子等。根据食物种类的多少分为：单食性——只以一种植物或动物为食料，如杉梢小卷蛾等；寡食性

——以少数相近的植物或动物为食料，如茶毛虫、竹蝗等；多食性——以多种不同的植物或动物为食料，如大袋蛾能取食数百种农林植物，蜻蜓能捕食比自己体小的多种昆虫等。

②趋性。是昆虫受到外界刺激而引起的反应，如有趋向刺激物的活动叫正趋性，避开刺激物的活动叫负趋性。引起昆虫驱避活动的主要刺激物有光、温度、化学物质，所以昆虫的趋性相应地也有趋光性、趋温性、趋化性。这些趋性在虫害防治上是可以被利用的，对有趋光性的昆虫，如马尾松毛虫、刺蛾等，可用灯光诱捕；对喜食甜、酸等化学气味的小地老虎，可用糖醋液诱杀。

③假死性。在林木上取食或爬行的金龟子、竹象鼻虫的成虫受外界震荡后，立即坠落，一动不动；小地老虎的幼虫，若遇抖动，立即蜷缩一团，这种现象叫假死。利用害虫的假死性，可进行人工捕杀。

④休眠。昆虫在发育过程中，因低温、高温、干旱及食物不足，会暂时停止发育，当条件恢复正常时，昆虫又会正常发育，如越冬、越夏等都是休眠现象。昆虫各个虫态的发育时期都可发生休眠现象。休眠时，不食不动，对外界不良环境条件抵抗力较强，但又是害虫生命中的薄弱环节，只要我们掌握害虫的休眠场所，就可以集中时间防治。

⑤滞育。有的害虫如沙枣尺蠖、云杉尺蠖等，夏季入土化蛹后，其蛹期长达九个多月，即使前期有适宜的温度，其胚胎发育也受到其虫种的遗传特性所限制，直到第二年春天才羽化，这种现象叫作滞育。

（二）林业害虫主要识别

生物分类系统经常用到的是界、门、纲、目、科、属、种。害虫主要是昆虫纲和蛛形纲，与林业有关的昆虫纲约有九个目，蛛形纲一个目。

1.鳞翅目

如蝶、蛾类，它们的成虫有翅两对，翅和全身布满彩色鳞片；蝶类的触角是棍棒状的，而蛾类则为丝状、栉齿状或羽毛状等。昆虫种类不同，其翅脉相也不同，因此，翅脉相常作为分科的依据。鳞翅目的幼虫一般有胸足三对，腹足四对（尺蛾科的腹足只有一对），臀足一对。腹足端部有趾沟，是分科的标志。

2.鞘翅目

如甲虫、天牛等。前翅角质，呈硬壳，后翅膜质。它们的触角类型变化较大，有鳃叶、锯齿、念珠或丝状等，常作为分科或鉴别雌、雄的标志。鞘翅目幼虫和成虫的生活习性差异较大，幼虫多为无足型（胸足和腹足都已退化），如天牛、吉丁虫类；有的为寡足型（只有胸足三对），如金龟甲（蛴螬）、叶甲类等。

3.同翅目

成虫一般有翅两对（有的种类仅有一对或已退化），膜质。有的种类前翅有色泽或稍厚些，但质地均匀。体型差异较大，一般体小而软，有蜡腺或腹管，能分泌蜡质或蜜露，针状刺吸式口器着生在头部的后下方，如蚜、蚧、蝉类等。

4.半翅目

如蝽或蝽象。前翅基部角质，前翅端部和后翅均为膜质。前胸背板和中胸小盾片较发达，一般胸部的腹面常具臭腺，触角丝状，四至五节。刺吸式口器从头部的前方伸出，属不完全变态，卵成块连在一起，卵粒有盖。

5.膜翅目

如蜂、蚁类。分广腰和细腰（胸腹相连处缢缩）两个亚目，翅膜质，后翅前缘有一排小钩和前翅后缘相连，幼虫为无足型、寡足型或多足型。

6.直翅目

成虫复眼发达，触角丝状或刚毛状，前翅革质，狭长，后翅膜质，扇形。不完全变态，若虫与成虫相似，具有翅芽，如蝼蛄、蝗虫和螽蟖。

7.脉翅目

前、后翅相似，膜质，翅脉呈网状，边缘多分叉（少数种类翅脉简单），触角丝状或念珠状，卵有长柄（有的种类的卵为长卵形或具有小突起），幼虫有胸足三对，本目的成虫和幼虫几乎都是捕食性益虫（少数为寄生或水生）。它们以蚜、蚧和叶螨等害虫为食料，如大草蛉、中华草蛉等。它们的幼虫如蚜狮，据观察，一只蚜狮在一天内能吸食蚜虫二十多只。

8.缨翅目

如蓟马。体型微小，一般体长只有1～2毫米，成虫有狭长的翅两对，翅缘密布缨状缘毛。有孤雌生殖的现象，口器为变形的咀嚼式，如山杨蓟马。

9.螳螂目

如螳螂。不完全变态，成虫和若虫都是捕食性益虫，但在缺食时常发生雌虫残食雄虫的现象。前翅呈复翅，后翅膜质；前胸长，前足为攫捕式，如中华螳螂等。

10.蜱螨目

如棉红蜘蛛，体通常为圆形或卵圆形，一般由四个体段构成：颚体段、前肢体段、后肢体段、末体段。口器分为刺吸式和咀嚼式两类。前肢体段着生前面两对足，后肢体段着生后面两对足，合称肢体段。足由六节组成：基节、转节、腿节、膝节、胫节、跗节。末体段即腹部，肛门和生殖孔一般开口于末体段腹面。螨类繁殖速度快，一年至少2～3代，最多20～30代。

蜱螨类与其他昆虫的主要区别在于：体不分头、胸、腹三段，无翅，无复眼或只有1～2对单眼，有足4对（少数有足2对或3对）；变态经过卵——幼螨——若螨——成螨。与蛛形纲其他动物的区别在于：体躯通常不分节，腹部宽阔地与头胸相连接。

三、其他林业有害生物

（一）有害植物

菟丝子：一年生攀缘性的草本寄生性植物。植物受菟丝子寄生危害，轻则影响生长及观赏效果，重则致死。受害时，枝条被菟丝子缠绕而生缢痕，生育不良，树势衰落，严重时嫩梢和全株枯死。成株受害，由于菟丝子生长迅速而繁茂，极易把整个树冠覆盖，不仅影响叶片的光合作用，而且营养物质被菟丝子所夺取，致使叶片黄化易落，枝梢干枯，长势衰落，轻则影响植株生长，重则致全株死亡。

其他有害植物如桑寄生等尚不成灾，暂不介绍。

（二）有害动物

1.线形动物门

本门动物是动物界中较为复杂的一个类群，包括线虫纲、线形纲、刺头纲、腹毛纲、动吻纲、轮虫纲等。以线虫纲为主来代表本门动物，包括蛔虫、钩虫等，其身体长圆筒形，体壁由角质膜、表皮和肌肉层组成，无呼吸器官，自由生活种类为体表呼吸，寄生种类为厌氧呼吸。

2.鼠、兔等动物

林木鼠（兔）种类主要有啮齿目的鼢鼠、沙鼠、松鼠、姬鼠、仓鼠类和兔形目的鼠兔等。不同地区有不同的危害种类，有危害树木地下部分的，有危害树木地上部分的，还有危害树木种子和果实的。

第二章　林业有害生物防控基本知识

第一节　林业有害生物防控的概念及主要理论

　　林业有害生物防控是指对危害森林、林木、荒漠植被、湿地植被、林下植物、林木种苗、木（竹、藤）材、花卉、林产品等的病、虫、鼠、兔害以及有害植物的预防与治理，包括有害生物监测预报、林业植物检疫、有害生物治理以及防治药剂和防治装备的生产使用等多项内容。也就是说，在充分掌握病虫发生、消长、扩散、传播等规律的基础上，运用先进科学技术，综合采用林业、生物、化学和物理等多种手段，安全、高效地把林业病虫长期控制在一定危害水平之下。

　　随着科技的进步，人们对有害生物的认识不断深化，一些国家提出了林业有害生物防控的新理论和新方法，现就主要理论作如下介绍。

一、综合治理理论

（一）基本含义

　　综合防治理论于1959年提出，1972年将综合防治改为综合治理，其基本含义是：在"预防为主、综合治理"方针的指导下，以营林技术措施为基础，充分利用生物间相互依存、相互制约的客观规律，因地、因时制宜，合理使用生物的、物理的、机械的、化学的防治方法，坚持安全、经济、有效、简易的原则，把害虫数量控制在合理范围内，以达到保护森林、增加生产的目的。

（二）指导思想

　　按照生态学的要求，以保护生态为目标，以营林措施为基础，综合应用各种手段控制害虫危害，把经济损失降至最低。

（三）基本原则

1.生态学原则：从生态学的观点出发，综合考虑生态平衡、社会安全、经济利益和防治效果，强调所采取的防治措施不影响社会安全、不破坏生态平衡。

2.经济学原则：不一定彻底消灭害虫，但要在经济条件允许的情况下，将害虫数量控制在合理范围内。

3.容忍哲学（自然调控）原则：强调各种防治措施的协调，特别强调天敌等自然控制因子的自然调控作用，力求少用或不用农药，以减少或避免环境污染。

（四）综合治理的局限性

综合治理着重强调多种防治措施的综合应用，包括生物的、化学的及经营管理措施等方面，对如何提高系统本身的自我调控能力强调不够，主要是考虑害虫发生时如何防治，而不是强调如何使其不发生或少发生。

综合治理中的经济阈值是基于害虫发生危害引起经济损失时的虫口密度，没有考虑害虫的发生趋势，相当于火燃起来了才救火，而不是消灭每一个火星。

综合治理所采取的各种措施，着重强调将虫口密度压低至经济允许的水平以下，没有考虑这些措施的长期作用，没有把每一个措施都作为增加系统稳定性的一个因子，所以出现年年防治、年年有灾的现象。一些生物制剂或天敌被当成农药一样使用，对维持系统的稳定性是不利的。

二、生态控制理论

为了解决综合治理局限性带来的一系列问题，人们不断探索有害生物防治的新途径，将可持续发展的理论应用于指导防治实践。1992年世界环境与发展大会后，有关学者提出了有害生物生态治理的新概念。

（一）基本含义

在充分吸收综合治理理论合理部分的基础上，更强调与环境的关系，强调系统的健康和可持续发展，强调维持系统的长期稳定性和提高系统的自我调控能力，在不断收集有关信息，随时对系统进行监测、预测的基础上，以系统失去平衡时的虫口密度为阈值，于害虫暴发的初期虫口密度较低时采取措施，以生物防治措施为主进行防治。

（二）指导思想

从生态系统的整体功能出发，在充分了解生态系统结构与功能的基础上，加强生物防治、抗性品种栽培以及害虫与天敌的动态监测，综合使用包括害虫防治措施在内的各种生态调控手段，变对抗为利用，变控制为调节，化害为利，以充分发挥系统内各种生物资源的作用，尽可能地减少农药的使用。

（三）基本原则

1.维持生态系统平衡的原则：在害虫发生初期采取措施，避免害虫的大发生。以保持整个系统稳定性为目标，不局限于某一种害虫。所有害虫都应处于被控制状态，而且不危害整个系统的稳定性。当害虫的天敌不足以控制害虫时，通过人工饲养释放或助迁天敌来加以控制，但这些天敌应该作为增加系统自然控制力的一种手段，针对害虫虫口密度比较低的上升阶段使用，而不是将天敌当成农药一样使用。

2.不采用化学农药的原则：主要应用生物农药，如病毒、细菌、真菌、线虫等微生物农药和昆虫生长调节剂、植物性农药、信息素等新型农药。

由于不采用昂贵的化学农药和大规模释放天敌，防治费用将比综合治理更低。实施生态控制必须对生态系统的动态及自然调控机制有深入的了解，就目前对生态系统的认识水平和技术水平，还不能完全实施生态控制，但这是有害生物防控发展的重要方向。

三、森林健康理论

进入20世纪以来，伴随着人口增长和经济发展，自然资源被加速和过度开发，森林进一步减少和退化，随之出现的全球气候变暖、生物多样性减少、土壤侵蚀加剧、干旱灾害频发等一系列生态危机，促使人们开始重新认识森林的作用、协调与森林的关系。20世纪70年代末期，德国首先提出了森林健康的概念。20世纪90年代初，美国在"森林病虫害综合治理"的基础上，进一步提出了森林健康的思想。近十年来，美国的森林病、虫、火等灾害的预防和治理正是在这一思想的指导下开展的。

（一）基本含义

森林健康是指森林生态系统具有稳定和谐的结构、较强的抗灾能力，并能为人类提供较多的生态服务功能和森林物质产品，其内涵就是通过对森林的科学营造与经营，实现森林生态系统的稳定性、森林生物的多样性，增强森林自身抵抗各种自然灾害的能力，满足现在和将来人类所期望的多目标、多价值、多用途、多产品和多服务的需要。

（二）指导思想

把森林健康的思想贯穿到森林生态系统经营全过程，不仅仅是针对病虫等致灾因子，而更多的是注意森林本身，把培育健康的森林作为工作的主要目标，在森林经营管理的过程中，使一些生物的因素和非生物的因素不会威胁和影响到现在或将来森林经营管理的目标。健康的森林生态系统能够在既维持其多样性和稳定性的同时，又能持续满足人类的经济、生态和社会等需求，它更加注重森林生态系统的结构性和稳定性，从而达到保持森林健康的目的。

（三）基本原则

1.坚持生态优先的原则：充分体现生态学思想。

2.坚持实现森林管理的多目标原则：不只是商业产品，还应包括森林的多种用途和价值。

3.坚持保护生物多样性的原则：在健康森林中并非没有病虫害、枯立木、和濒死木，而是它在一个较低的水平上存在，它们对于维护健康森林中的生物链和生物多样性、保持森林结构的稳定是有益的。

4.坚持发挥森林多效益的原则：森林健康的实质就是要使森林具有较好的自我调节及保持系统稳定性的能力，从而使其最大、最充分地持续发挥经济、生态和社会效益。

第二节　林业有害生物的主要防控技术

人类在与有害生物斗争的漫长过程中，逐渐懂得了防治有害生物是一项复杂而无止境的工作，随着生产和科学技术的日新月异，防治方法不断更新，防治策略逐步完善，走过了一条由有害生物的单一防治到综合防治，由综合防治再到综合治理的发展历程。有害生物的防治是以害虫防治研究为基础，一般由害虫防控逐步扩展到有害生物防控。目前，林业有害生物应用较多的防控技术有以下几种。

一、监测预警技术

（一）航天航空遥感监测

利用卫星影像图、地理信息系统、全球定位系统等手段进行林业有害生物的全面监测。特别是结合森林健康监测，对有害生物采用航空大面积的定期监测。此项技术我国已开始应用。

（二）引诱剂监测

利用昆虫信息素制成引诱剂和多种诱捕器，对害虫能方便快速地进行发生动态监测。此项技术我国已大范围使用。

（三）专兼结合的地面调查

森防员和林区人员对林分中发生的各种异常情况进行初步调查并上报，管理部门接到报告后，结合已经掌握的情况，对报告信息进行认真分析，对可疑区域派出专业人员进行现地详细调查，确认有害生物发生的种类、危害程度以及是否需要防治，对需要防治的提出可行的防治建议，并告知林木所有者。目前这种方法在我国已普遍应用。

二、检疫技术

我国的植物检疫分为国境检疫和国内检疫两种。国境检疫以口岸检疫为主。此项技术和相关工作由专设机构和专业人员完成。

（一）实行风险分析

建立较完善的外来有害生物风险分析体系，广泛实行危险性有害生物的风险评估，有针对性地开展检疫。

（二）实行全面检疫制度

许多国家不是明文规定"检疫性有害生物名单"，而是制定禁止或限制进口的植物名单，采取防止一切有害生物入境的检疫措施，不管国内是否有分布，都要实施检疫。

（三）建立外来有害生物的入侵反应机制

建立监测网络，及时发现疫情，将入侵的外来有害生物消灭在其未建立稳定的种群之前，为及早扑灭创造条件。

三、防治技术

有些国家为保护生态环境，全面推行森林健康理念，实行有害生物综合治理，重视利用天敌、性引诱剂和生物农药等无公害防控技术，严格限制使用化学农药。

（一）生物防控

多采用病毒、BT、白僵菌等生物制剂。利用微生物为工具来防控病虫害，主要原理有三种：一是一种寄生物被另一种生物所寄生；二是一种寄生物或微生物与其他微生物争夺养分阻止其生长；三是一种微生物分泌的物质对其他微生物的繁殖和生长有抑制作用（有害、有毒）。生物防治还在试验研究阶段，生产中运用较少。

（二）引进天敌

天敌输引是发达国家生物防治的一个重要组成部分。如美国从我国引进天敌小毛瓢虫，经饲养及林间释放，对铁杉球蚜取得了较好的控制效果。

（三）信息素应用

信息素除用于有害生物监测外，有些信息素可通过干扰交配降低害虫种群数量。欧洲在小蠹虫的防治上广泛应用信息素。

（四）抗性育种

针对主要有害生物开展深入研究，培育高度抗病能力的品种。

（五）化学药剂的合理使用

我国政府已制定了《农药安全使用规定》《农药安全使用标准》和《农药登记规定》等相关法规和标准，禁止和限制了部分剧毒农药的使用。政府有明文法律规定，严格限制化学防治和化学药剂的使用，特殊情况需要使用时要经过严格的审批。用化学药物来防控病虫害，范围广、收效快、方法简单。

化学药物主要分为三类：

1.铲除剂：直接杀死病原物，铲除侵染来源的药物。如甲醛等。

2.保护剂：直接施用于植物以保证寄主不受病原物的侵染。目前，绝大多数杀菌剂属于此类。如有机磷、有机硫、有机氯等。

3.内吸剂：被植物吸入体内，起抑制病原物扩展作用的药物。如多菌灵、萎秀灵等。

化学药物的使用方法包括：种实消毒、土壤消毒、树体注射和喷洒植株。

（六）杀虫灯的利用

利用害虫的趋光性，选出适宜光谱制成高效诱虫灯辅以高压电网诱杀。

（七）辐照处理

应用放射性辐照处理，诱导不育，控制害虫。利用离子化能照射来破坏有害生物的正常生活，从而将其杀灭。

（八）营林措施

在植物病虫害的生态体系中，环境条件是重要的因素之一。采取正确的营林措施，将使环境条件适宜于苗木或林木生长，而不利于病虫害的发生或流行。一是育苗技术中的防控措施。土壤透气不良、根系呼吸受阻积累的有害物质有利于猝倒病、苗枯病、根癌病等的发生。苗圃要远离同种林木的林分。苗圃连作时必须进行土壤消毒。二是造林技术中的防病措施。适地适树是提高林木抗病力的重要措施。不适宜地扩大树种栽培范围会增加侵染性病害发生的风险。混交林有利于病虫害的防控，但混交树种的搭配必须科学，不能采用同病害的共同寄主为混交对象。为了预防林业生物灾害，要重视营造混交林，而且更趋向于天然更新。三是林分抚育中的防病措施。病死树、病死枝要及时清除。

（九）热烘处理技术

将有病虫害的木材在烘房内加热加压，杀死害虫、卵和有害微生物等。

（十）微波处理技术

微波处理在加热、干燥、杀虫和灭菌等方面都取得了非常好的效果，对木材的检疫处理更是取得了非常大的突破。

第三章 林业有害生物调查及评估

自1989年以来，国家林业主管部门针对林业有害生物防控工作涉及的有害生物治理、监测预报、林业植物检疫体系建设等内容，相继公布了48项防控技术规范性文件，对推动我国林业有害生物防控规范化和标准化起到了积极的作用。在公布的规范性文件中，松材线虫、松毛虫等部分有害生物的防治技术已被制定为国家或行业标准。但有些规范性文件的内容已与当前防控工作的实际不符，国家林业局已将其列入修订计划。在2000年以后国家林业局公布了23项重要防控技术规范性文件，指导广大林业有害生物防治工作人员在实际中应用。本章主要针对一线森防员和护林员的工作需要，介绍一些基础性、常识性的知识。

第一节 林业有害生物调查类型

一、普查

普查是指在较大范围（全国或全省）内，对林业有害生物及与其有关的所有对象开展的全面调查，是为了满足生产防治、科学研究、制定宏观决策的客观需要，了解掌握总体现状而开展的一项基础性本底调查。

（一）普查目的

及时、全面地了解和掌握全国或全省（自治区、直辖市）林业有害生物的发生、分布及危害等基本情况，建立林业有害生物数据库，为开展后续的林业生物灾害监测、检疫和防治决策等提供基础信息。

（二）普查组织

全国范围的普查由国家林业主管部门统一组织实施，全省（自治区、直辖市）范围的普查由省（自治区、直辖市）林业主管部门统一组织实施。

（三）普查周期和时限

以10年为周期进行，一般持续时间为3年。

（四）普查经费

全国林业有害生物普查经费按单位计算经费总数，费用平均为2～4元/公顷。普查经费作为财政专项支出，以中央投资为主。各省（自治区、直辖市）根据当地经济状况按比例配套，普查经费用于人员外业补助、专家咨询、调查工具采购；标本采集、制作、鉴定；资料汇总等内业支出。

（五）普查内容

主要包括林业有害生物的种类、分布、危害以及天敌资源状况等。

（六）普查技术

普查技术详见下一节的内容。

（七）普查资料汇总

资料包括实物资料和文字资料（含照片、影像等资料）。形成林业有害生物普查报告。

（八）普查结果处理

普查结束后应提出技术报告，包括普查概况、普查结果（林业有害生物种类、分布面积、寄主树种、危害程度）、普查结果分析和对策建议等。

我国于1979—1983年进行了一次全国范围的林业有害生物普查，普查结果表明，我国共有林业有害生物8000余种，其中害虫5000多种，病原物近3000种，害鼠（兔）60种，有害植物150种。2006年进行了第二次普查。最近一次普查是2015年开始，2019年公布了普查结果：本次普查共发现可对林木、种苗等林业植物及其产品造成危害的林业有害生物种类6179种，其中昆虫类5030种、真菌类726种、细菌类21种、病毒类18种、线虫类6种、植原体类11种、鼠（兔）类52种、螨类76种、植物类239种。经普查，我国发现的外来林业有害生物有45种，与2006年普查相比，新发现枣实蝇等13种外来林业有害生物。发生面积超过100万亩（1亩≈667平方米）的林业有害生物种类有58种。外来林业有害生物中，发生面积超过100万亩的有4种。通过构建林业有害生物危害评价体系，对以上林业有害生物进行危害性评价，分为四个危害等级：一级危害性林业有害生物1种——松材线虫；二级危害性林业有害生物31种；三级危害性林业有害生物37种；四级危害性林业有害生物30种。第三次全国林业有害生物普查，全面调查林业有害生物种类、分布、危害等基本情况，及时更新全国林业有害生物数据库，为科学制定防治规划，有效开展预防和治理，维护林木资源和国土生态安全提供了全面、准确、客观的林业有害生物信息。

二、专项调查

专项调查是指在较大范围（全国或全省）内，为了掌握某些种类林业有害生物分布和树种受害情况而进行的专门性调查。

（一）专项调查的目的

专项调查是针对某种突发性或外来的林业生物灾害，在全国或部分省（自治区、直辖市）开展的调查，其目的是了解和掌握该种林业生物灾害的分布、危害等基本信息，为控制其传播扩散、减少灾害损失提供防治决策的依据。

（二）专项调查的范围和内容

调查范围一般为发生突发性或外来林业生物灾害的省（自治区、直辖市）及其周边（自治区、直辖市）的森林。

调查的主要内容是有害生物的分布、危害程度、寄主树种等。

（三）专项调查的时限

专项调查的时限为4~6个月，最多不超过1年。

（四）调查方法的选择

调查方法一般根据调查目的和要求来确定。

（五）其他事项可参照林业有害生物普查制度

我国先后于1989年、1998年、2003—2006年开展了全国林业检疫性有害生物专项调查，以及以松材线虫、红脂大小蠹、红火蚁、刺桐姬小蜂等为对象的专项调查，为有针对性地开展检疫、控制外来有害生物的扩散蔓延发挥了重要作用。

三、监测调查

监测调查是监测预报最基本的日常性调查，其目的是全面掌握林业有害生物发生危害的实时情况，为分析预测未来发生发展动态提供基础数据。根据调查内容和调查目的，监测调查通常又分为一般调查和系统调查。

（一）一般调查

一般调查通常也叫面上调查，每年多次，由村护林员、乡林业工作站人员或县森防站人员进行。一般调查主要是对林业有害生物种类、发生危害程度、发生面积等情况的直观调查。

1. 调查目的：观察、记载和上报区域内林业有害生物发生危害的基本情况，为主管部门制定防治决策提供依据。

2. 调查范围：辖区内的所有森林。

3. 调查组织：由基层乡镇监测点组织，也可由县级森防站组织开展。

4. 调查内容：主要包括林业有害生物种类、危害程度、发生面积等。

5. 调查次数和时间：每年开展的次数及时间因当地有害生物种类而异，多安排在生物危害最容易直接观察的时间段内进行。

目前，在一般调查中存在的突出问题是对执行调查任务的护林员等缺乏有效的监督制约机制，使得在开展线路踏查时，主要在林内方便行走的路线上进行观察，调查质量无法保证。

（二）系统调查

系统调查一般也称为点上调查，由国家级、省级测报点专职测报员进行。系统调查是了解掌握当地不同林分、不同立地条件、不同气象和天敌因子作用下，有害生物在各发育阶段的存活率（或死亡率）、增殖率、发生数量和危害程度等。

1. 调查目的：通过在测报对象发生林分内设定的标准地内观察测报对象的生活史，掌握测报对象的种群发生规律，为发布趋势预报提供依据。

2. 调查组织：系统调查主要由国家级中心测报点、省级重点测报站的专职测报员进行。

3. 调查内容：包括测报对象各虫态的发生期、发生量及其对寄主的危害程度（造成的林木直接损失），以掌握不同林分条件、不同立地条件、不同气象条件和天敌因子作用下，测报对象在各发育阶段的存活率、增殖率和危害程度等。

4. 调查时间：按测报办法的规定进行。

5. 调查方法：在调查林分内，选择下木及幼树较少、林分分布均匀、符合测报对象分布规律并有较强代表性的地块作为调查标准地。标准地主要根据地理、交通、林分状况、测报对象分布等因素进行设置，一般在林班或小班内，最好不跨林班，面积一般在0.1～0.3公顷（鼠害1公顷）。通常，常灾区每100～500公顷设1块固定标准地，偶灾区每700～1000公顷设1块固定标准地，无灾区每2000～3000公顷设1块固定标准地，人工林每130公顷设1块固定标准地，天然林每3000公顷设1块固定标准地。标准地内的标准株数量不得少于100株（种实害虫例外）。标准株的选择一般是根据具体对象的生物生态学习性和发育阶段来确定。幼虫期一般选择20～30株，种子园、母树林及一般采种林分，可在标准地林分内分级选取标准树，一般可选5～10株。

标准地、标准株的设置及调查时间、内容、方法等在测报对象的测报办法或技术操作规程中都有明确规定。

系统调查存在的突出问题是标准地的选择带有明显的人为倾向，使得标准地的代表性受到了一定限制，加之实际工作中往往注重对生活史的某一阶段的观察记载，缺乏对有害生物整个系统的观测。

第二节　林业有害生物普查技术

一、普查的基本知识

（一）普查对象

危害森林植物及其产品的病原微生物（线虫）、有害昆虫、有害植物、有害动物（鼠、兔）和天敌（鸟、寄生或捕食昆虫、昆虫病原）等。

（二）普查的基本内容

1.有害生物的分布

以县级（包括相当于县级行政级别的林业主管部门）行政区域为单位统计分布地点。发生区域大的（指发生地点超过所辖县级行政区域三分之一的乡镇），统计县级名称；新发现或发生区域小的（指发生地点等于或小于所辖县级行政区域三分之一的乡镇），统计乡镇级名称（报送汇总资料时，包括乡镇级名称及所隶属的县级名称）。有害生物分布地点的统计，必须注明所隶属的市、县。

2.有害生物发生面积

包括有害生物分布面积、发生危害面积和成灾面积。分布面积是指林业有害生物在林内存在但没有达到发生危害统计标准的面积；发生危害面积是指林业有害生物达到发生危害统计标准的面积；成灾面积是指林业有害生物达到灾害统计标准的面积。

危害经济林（果园）、苗圃、花圃、温室等种苗繁育基地的，以寄主植物的实际种植面积计算；危害其他林地的，以林业小班为单元统计面积，具体按照《林业有害生物发生灾害标准》的规定进行统计。

3.危害木材的统计

统计危害木材（包括原木、板材、方材、木质包装材料、垫脚木和人造板等）的有害生物种类、危害数量（以立方米为单位）及危害程度，以及有害生物危害的贮木场、木材加工厂等的所在地名称及单位名称。

4.外来有害生物来源调查

记录传入地、传入时间、传入的途径及方式等。同时还应记录外来有害生物入侵对当地经济、生态、社会的影响等状况。

5.寄主植物

普查对象危害的植物种类（包括乔木、灌木、花卉等），原则上记录到种；寄主植物种类，原则上要记录完整，多于20种的，依危害的轻重程度，记录发生较重的20种。

（三）普查的前期准备

1.确定普查重点：根据森林资源情况来确定。

2.制订方案：根据国家林业有害生物普查工作方案及技术方案，结合本地实际情况，制定《林业有害生物普查工作方案》和《林业有害生物普查技术方案》。

3.开展培训：编制普查技术手册，培训普查工作人员，进行专题安全教育。

4.制定调查计划：包括人员分工、时间安排、设备工具调配、后勤保障等。

5.质量检查：制定质量标准，严格执行检查办法，保证普查质量。

（四）普查方法

1.外业部分

（1）外业调查。在有害生物发生盛期或表现症状期，以乡（镇、场）为基本调查单位，设立具有代表性的调查点或样方进行调查。列出每个调查点或样方代表的面积。

踏查：踏查又称概况调查，是了解森林病虫害发生的一般情况，为确定标准地调查对象及调查地点提供依据。病虫害调查主要是通过踏查来完成，踏查对发病率的估计不一定要求很精确，但调查面要广。踏查路线一般沿林中道路或自选有代表性的路线进行，踏查路线之间的距离因调查精度不同而不同，一般为250～1000米或更大。在制定调查计划时，应将踏查路线确定好并标在图上，踏查主要采用目测法进行，将沿途目测结果随时记入表格内。为了提高调查的准确性，事先应进行必要的目测训练。踏查需特别注意有害生物分布的特点，主要有四种情况：

①零星受害：受害单株零星分布在林班。

②块状分布：被害树2株以上集中成块面积小于0.04公顷，分散分布在林班。

③团状分布：被害株集中面积在0.04～0.4公顷成团状不连续分布在林班。

④片状分布：被害株集中面积在0.4公顷以上不连续分布在林班。

详查：当发现有害生物或危害症状时要进行详查。标准地或样方调查株数为30～50株。一般情况下，标准地或样方的面积比例为：人工林不少于总调查面积的30%，天然林不少于0.2%；标准地或样方的标准木数量不少于标准地或样方寄主植株总数的3%。

林木病害调查：林木病害发生程度通常以百分率来表示，但对局部病害来讲往往差异较大，用植株感病百分率（被害株率）不能反映这种差别，于是，可用感病指数来表示，计算公式如下：

感病指数（%）=（病级株数×该级代表数值）/（总株数×最高一级代表数值）×100。

根据病原物危害部位的不同，以树干上部为界，将林木病害区分为叶部、枝梢、果实病害和干（根）部病害两部分分别进行调查。

①叶部、枝梢、果实病害调查：每100～1000公顷设置1块样地，每块样地面积0.2公顷左右，样地内至少要有100株寄主植物，每块样地随机调查30株以上的寄主植物，在抽取的植株上，随机抽取一定数量的枝梢、叶片、果实进行检查，统计枝梢、叶片、果实的感病率和感病指数。

②干（根）部病害调查：每100～500公顷设置1块样地，每块样地面积0.2公顷左右，样地内至少要有100株寄主植物，每块样地随机调查30株以上的寄主植物，统计健康、感病和死亡的植株数量，计算感病率和感病指数。

害鼠（兔）的调查：参照《森林害鼠（鼠兔）监测预报办法（试行）》（造防函〔2002〕13号）和《林业兔害防治技术方案（试行）》（林造发〔2006〕38号）。

①地下害鼠的调查：地下害鼠种类主要是鼢鼠，主要危害林木的根部，对苗木或新植林木常常形成毁灭性的危害。调查时间选择在春季土壤解冻后（3～5月）或秋季鼢鼠储粮期（9～10月）进行。调查方法有土丘系数法、切洞堵洞法等。

②地上害鼠（兔）的调查：地上害鼠（兔）主要包括田鼠、绒鼠、鼠兔等，

这类害鼠主要是啃食树木的地茎部分，切断树木的表皮和韧皮部，使树木枯萎死亡。根据在当地的危害时期选择调查时间。一般采用百夹日法调查鼠口密度。

林业有害植物调查：每100～1000公顷设置1块样地，每块样地面积0.2公顷左右，在样地内调查有害植物的种类。对于侵占林地的有害植物，计算侵占林地的面积和比例；对于攀缘类有害植物，调查其对林木的危害情况。

林业虫情（害虫和益虫）调查：在被调查的林区内，按自然区域和林分状况，设置株数不少于100株的样地（面积依株数而定），详细记载林分内树种组成、林龄、平均树高、胸径、地址、地形、地势、坡度、坡向、部位、卫生状况等，然后进行每木害虫调查，求出受害株率、有虫株数和虫害指数。

①标准木调查：选择标准木，一般可用随机取样法、对角线法、双对角线法、乙字形法、平行线法、棋盘式法选定10～20株标准木，调查害虫种类、数量、虫口密度；天敌昆虫种类、数量；致病微生物发生情况等。

②标准枝调查：虫口密度过大或树木过高不易调查时，可在每一样木树冠的南北两面，上、中、下三层各选取一个样枝，计算每一个样枝上的虫口密度，同时，要计算每一样木上具有所选取样枝的总数量，以便将样枝上的虫口密度折算成每一样木的虫口密度。

食叶性害虫调查：每10公顷设1块样地，样地面积为0.05～0.1公顷，选取标准木，调查时按树冠受害叶的多少分轻、中、重三级（具体标准见本章第三节），最后调查各级受害百分率。若树木太高，不易查清虫数，可选一定数量的标准木，在树冠上、中、下各部和不同的方位上取样枝进行调查，对有假死性的害虫，可在树下铺塑料布，震落或用喷雾器冲刷后再进行统计。越冬虫态害虫调查，注意枯枝层和树下土壤内越冬情况。

枝梢害虫调查：幼嫩枝梢的害虫，主要指松梢螟、蚜虫等昆虫。调查时可选有100～200株树的样地，准确统计健康株数；主梢健壮、侧梢受害株数和主梢、侧梢都受害的株数。在被害株中选5～10株，查清虫数、虫期和危害情况，对于虫体小、数量多、定居在嫩梢上的蚜虫等，可在侧梢上取一定数量的10厘米长样枝，查清虫口密度，并折合成株虫口密度。

枝干害虫调查：对小蠹类害虫的调查，可在踏查的基础上，选有100株以上的树木样地，查明健康木（无虫）、衰弱木（害虫开始栖居）、枯萎木（由于害虫的危害，树木枯萎死亡或即将枯死），从衰弱木和枯萎木中各选3～5株，伐倒前测胸高直径，标出南北方位，伐倒后测树高，查年轮，然后从干基到树顶刮下一条不少于10厘米宽的树皮，详细调查各种害虫在树干上的垂直分布状况，或沿树干南北方向和上、中、下部各取20厘米×50厘米的样方，查明害虫种类、数量、虫态，统计出每平方米和每株树的平均虫口密度。对于小蠹虫，100厘米一个样方，分别计穴数、母坑数；幼虫、蛹、新成虫数量或羽化孔数，然后计算株虫口数。对于天牛、木蠹蛾、吉丁虫等蛀干害虫可选标准木劈开进行调查。

地下害虫的调查：在预设苗圃地或林地上选设样坑，然后挖掘，统计害虫。样坑面积1米×1米，样坑的深度根据虫种、季节来决定。如调查地下害虫种类和数量时，可按预定深度挖掘；如调查地下害虫的垂直分布或运动情况时，就要分层挖掘，并分层进行调查统计记载。样坑数量可因地而异，如地势、地被或前作物变化不大时，每1～5公顷挖样坑5～10个，6～10公顷挖样坑10～15个，11～15公顷挖样坑15～25个。如上述条件变化较大，样坑数还要适当增加。为了使调查结果更加准确，多采用棋盘式排列样坑。样坑量好后，确定其边界，先用铁锹将样方四周界垂直切出，然后以每20厘米深一层，逐层取出样方内土壤，边敲碎边检查，统计各种害虫的数量，每一块样地都应附有关土壤质地、结构、土类等说明。

果食害虫调查：用对角线或随机抽样法，选取样树10株，每株采果或种20～100个（按种类确定），检查被害率及其害虫的种类、虫期和数量。

（2）调查取样技术和取样方法。调查样地一般设在林班或小班内，最好不跨林班。房前屋后的树木调查以乡镇、行政村为单位。参照以下几种常用取样技术进行取样。

分级取样：也叫巢式取样，它是一种一级一级重复多次的随机取样。

双重取样：对那些不易观察或观察时物力、人力和财力消耗很大，损失也较大的病虫害，一般采取双重取样法。

典型取样：典型取样是一种人为地在全部种群中主观去选定一些有代表性个体的抽样技术。能够掌握此技术时才能加以应用，从而节省人力、物力，但一定要避免主观因素。

分段取样：有害生物的分布在总体中某一部分与另一部分有明显的差异时，常采用此技术。

随机取样：随机取样是调查中最常用的一种技术，所谓随机取样绝不是随意选取，而是按照一定规律进行取样。

以上五种取样技术落实到最基本的抽样方法时，还要遵循随机取样的原则。

有害生物调查中最常用的基本取样方法主要有棋盘式、对角线式、五点式、平行线式、"Z"字式等五种。取样方法的选择主要取决于有害生物的空间分布型。

棋盘式：有害生物的分布为随机分布型或随机型核心分布时，常采用这种取样方法。在调查时一般要适当增加标准地块数，以利于查清虫源基地。同时，为了减少由于增加样地块数而增加的工作量，可适当减少样地中的样本数量。

对角线式：对角线式取样一般分为单对角线和双对角线取样两种方式。当有害生物的分布型为均匀随机分布时，一般采用这种方法，即抽取的标准地可以少一些，但每一个标准地上的样本数要多一些。

五点式：总体面积较小，而且有害生物的分布型为均匀随机分布时，采用这种方法。如苗圃病虫的调查、一片种子园病虫的调查等，常采用这种取样方法。

平行线式：当有害生物的分布型为核心分布而总体又有规律地成行排列时，常采用这种方法。

"Z"字式：当有害生物的分布型为负二项分布时，常采用这种方法。

2.内业部分

（1）调查数据的处理。虫害调查结束后，必须要有三类数据，即受害株率（%）、虫口密度（害虫在单位面积、植株、一定长度单位上的虫口数量）、损失百分率。

受害株百分率（%）＝被害株数／样本调查总株数×100

损失百分率（%）＝（未受害株平均生产量或平均产量－受害株平均产量或生长量）／未受害株平均生产量或平均产量×100

虫口密度（%）＝虫口数量／（面积或植株或长度单位）×100

枝干害虫：受害株率在5%以下的为轻度受害，记作"＋"；受害株率在5%～10%的为中度受害，记作"＋＋"；受害株率在10%以上的为重度受害，记作"＋＋＋"。

（2）内业整理和普查资料汇总。对外业调查的笔录、数据、照片等进行整理、归档；对采集的有害生物标本进行分类、鉴定。对各地采集制作的典型症状标本、昆虫标本和图片进行整理汇总。

（3）调查总结。调查单位要在认真汇总的基础上，完成林业有害生物普查技术报告和工作总结，填写有关汇总表。

（4）标本鉴定。对采集的有害生物标本进行分类，同时做好采集记录。标本记录由采集人员填写，主要有标本编号、采集时间、采集地点、寄主植物、采集人姓名等，标本编号由13位数组成，前6位是所在省、市、县的行政区编码（即身份证前6位），第7位和第8位为采集地点所在乡镇名称前2个字的首位拼音字母，最后5位是标本的流水编号，采集地点填到林业小班，寄主植物名称要求填写该植物的通用中文名，对同一采集人在同一时间采集的同一种类的有害生物标本，不论数量多少，使用同一编号编排。

有害生物种类标本要求鉴定到科，若不能鉴定的，送专家组鉴定，专家组不能鉴定的，由省森防站报送国家林业局外来林业有害生物检验鉴定中心鉴定。

第三节　林业有害生物危害评估标准

本节只介绍有害生物对寄主危害状况的程度判定，不涉及寄主损失方向的计算。

一、评估的基本知识

（一）主要名词的含义

1. 受害株率：指单位面积上林木遭受有害生物危害的株数占调查株数的百分比。

2. 受害梢率：指单位面积上林木主梢遭受有害生物危害的株数占调查株数的百分比。灌木可按丛调查。

3. 林木死亡株率：指单位面积上林木遭受有害生物危害致死的株数占调查株数的百分比。

4. 失叶率：指遭受叶部害虫危害的林分，单位面积上整体树冠叶片损失量占全部叶片量的百分比。

5. 感病率：指遭受叶部病害危害的林分，单位面积上感病的叶片量占全部叶片量的百分比。

6. 检疫性有害生物：指列入国家林业和草原局发布的全国林业检疫性有害生物名单中的有害生物种类。

7. 成灾面积统计：成灾面积的统计以森林资源小班为统计单元，以亩为最小统计单位。农田林网和四旁等散生木的成灾面积统计，可参照当地标准，将受害株数折合成面积后计入成灾面积。同一小班，如果有2种以上有害生物的危害程度达到成灾标准，统计成灾面积时，只统计其中1种，不重复计算。

8.发生程度：林业有害生物在林间自然状态下实际或预测发生的数量多少（统计单位有：条/株、虫情级、有虫株率、头/10平方厘米、条/50厘米标准枝、粒/株、个/米标准枝、活虫/株、条/百叶、头/平方米、盖度等）。

9.危害程度：林业有害生物对其寄主植物（林木）所造成的实际或预测危害大小（统计单位有：枝梢被害率、感病指数、感病株率、受害株率等）。

（二）统计单位的解释及计算

1.条/株：单株树上的幼虫数量。

2.虫情级：是受害程度指标，由虫口密度或树冠级（针叶量）来确定，分为轻度、中度、重度三级。

3.粒/株：单株树上害虫卵的数量。

4.有虫株率（%）＝（有虫株数／实际调查株数）×100。

5.枝梢被害率（%）＝（出现被害状样枝梢数／样枝梢总数）×100。

6.头/10平方厘米：树干、枝梢表面10平方厘米固定若虫的数量。

7.头/株：单株树上的蛹或成虫的数量。

8.条/50厘米标准枝：50厘米枝条上的幼虫数量。

9.个/米标准枝：1米枝条上虫瘿的个数。

10.活虫/株：单株树上的虫袋数量。

11.条/百叶：单株树每100个叶片上的幼虫数量。

12.头/平方米：竹林1平方米样地上的跳蛴数量。

13.种实被害率（%）＝（被害种实／实际调查种实数量）×100。

14.感病指数（%）＝［∑（各病级代表数值×该级株数）／调查总株数×最高病级代表数值］×100。

15.感病株率（%）＝（发病株数／实际调查株数）×100。

16.受害株率（%）＝（受害株数／实际调查株数）×100。

17.叶片受害率（%）＝（受害叶片数／实际调查叶片数）×100。

18.盖度（%）＝（植物地上部分垂直投影面积／样地面积）×100。

19.失叶率（%）＝（单株树冠上损失的叶量／单株树冠上的全部叶量）×100。

二、林业有害生物发生（危害）程度标准

2006年发布，未列的种类可参照同种类的指标和标准执行，数值均按四舍五入法统计。

表3-1　林业有害生物发生（危害）程度标准

序号	种类	调查阶段	统计单位	发生（危害）程度		
				轻	中	重
1	落叶松毛虫	幼虫	条/株	20～40	41～70	71以上
2	马尾松毛虫	幼虫	虫情级	2～3	4～6	7以上
			条/株	5～13	14～30	31以上
3	油松毛虫	幼虫	条/株	10～20	21～40	41以上
4	蜀柏毒蛾	卵	粒/株	50～200	201～400	401以上
		幼虫	条/株	5～15	16～30	31以上
5	云南木蠹象	幼虫	有虫株率（%）	5～10	11～30	31以上
6	红脂大小蠹※	幼虫、成虫	有虫株率（%）	2～6	7～12	13以上
7	云南纵坑切梢小蠹	成虫	枝梢被害率（%）	10～20	21～50	51以上
8	松纵坑切梢小蠹	成虫	枝梢被害率（%）	5～10	11～20	21以上
9	萧氏松茎象（幼林）	幼虫	有虫株率（%）	5～10	11～30	31以上
10	松墨天牛	幼虫	有虫株率（%）	5～10	11～24	25以上
11	日本松干蚧	固定若虫	头/10平方厘米	0.5～2	2.1～6.9	7以上
12	松突圆蚧※	雌蚧	枝梢被害率（%）	5～10	11～30	31以上
13	湿地松粉蚧	雌蚧	枝梢被害率（%）	10～19	20～49	50以上
14	春尺蠖	蛹	头/株	1～3	4～6	7以上
		幼虫	条/50厘米标准枝	2～4	5～8	9以上
15	杨毒蛾	幼虫	条/50厘米标准枝	1～4	5～8	9以上
16	柳毒蛾	幼虫	条/50厘米标准枝	1～4	5～8	9以上
17	杨小舟蛾	蛹	头/株	5～10	11～20	21以上
		幼虫	条/50厘米标准枝	2～5	6～10	11以上
18	杨扇舟蛾	幼虫	条/50厘米标准枝	7～10	11～15	16以上
19	美国白蛾※	幼虫	有虫株率（%）	0.1～2	2.1～5	5.1以上
20	黄褐天幕毛虫	卵	粒/株	50～100	101～200	201以上
		幼虫	条/株	20～40	41～100	101以上
21	光肩（黄斑）星天牛	幼虫	有虫株率（%）	5～9	10～20	21以上
22	青杨天牛	虫瘿	个/米标准枝	0.2～0.3	0.4～0.6	0.7以上
23	桑天牛	幼虫	条/株	0.5～1	1.1～1.9	2以上
			有虫株率（%）	2～5	6～9	10以上
24	杨干象※（幼林）	幼虫	有虫株率（%）	2～5	6～15	16以上
25	白杨透翅蛾（幼林）	幼虫	有虫株率（%）	2～5	6～15	16以上
26	青杨脊虎天牛※	幼虫	有虫株率（%）	1～4	5～10	11以上
27	大袋蛾	虫袋	活虫/株	0.5～2	2.1～6	6.1以上
		幼虫	条/百叶	3～7	8～15	16以上
28	苹果蠹蛾※	幼虫	有虫株率（%）	2～3	4～5	6以上
29	蔗扁蛾※	幼虫	有虫株率（%）	3～5	6～10	11以上

续表

序号	种类	调查阶段	统计单位	发生（危害）程度		
				轻	中	重
30	黄脊竹蝗	跳蝻	头/平方米	2～5	6～20	21以上
		跳蝻、成虫	头/株	5～15	16～30	31以上
31	椰心叶甲※	幼虫、成虫	有虫株率（%）	3～5	6～10	11以上
32	红棕象甲※	幼虫	有虫株率（%）	3～5	6～10	11以上
33	刺桐姬小蜂※	幼虫	有虫株率（%）	1～4	5～10	11以上
34	双钩异翅长蠹※	幼虫、成虫	有虫株率（%）	1～4	5～10	11以上
35	枣大球蚧※		叶片受害率（%）	5～10	11～35	36以上
36	沙棘木蠹蛾	幼虫	有虫株率（%）	10～30	31～70	71以上
37	种实害虫		种实被害率（%）	5～9	10～19	20以上
38	松针褐斑病		感病指数	5～20	21～40	41以上
39	落叶松枯梢病※		感病指数	5～20	21～40	41以上
40	松材线虫病※		感病株率（%）	1以下	1.1～2.9	3以上
41	松疱锈病※		感病株率（%）	3～5	6～10	11以上
42	杨树溃疡病		感病株率（%）	5～10	11～20	21以上
43	杨树烂皮病		感病株率（%）	5～10	11～20	21以上
44	泡桐丛枝病		感病株率（%）	10～20	21～40	41以上
45	猕猴桃细菌性溃疡病※		感病株率（%）	3～5	6～10	11以上
46	冠瘿病※		感病株率（%）	3～5	6～10	11以上
47	杨树花叶病※		感病株率（%）	3～5	6～10	11以上
48	草坪草褐斑病※		感病株率（%）	3～5	6～10	11以上
49	鼠兔		受害株率（%）	3～10	11～20	21以上
50	田鼠		受害株率（%）	1～5	6～15	16以上
51	鼢鼠		受害株率（%）	5～15	16～24	25以上
52	薇甘菊※（新发区）		盖度（%）	1～5	6～20	21以上
	薇甘菊※（旧发区）		盖度（%）	10～30	31～60	61以上
53	紫茎泽兰		盖度（%）	10～30	31～60	61以上
54	飞机草		盖度（%）	20～30	31～60	61以上
55	加拿大一枝黄花		盖度（%）	1～5	6～20	21以上
56	金钟藤		盖度（%）	20～40	41～60	61以上

注：1.表中带有"※"号的为林业检疫性有害生物。

2.表中所列的林业检疫性有害生物的发生（危害）程度标准不包括新发区（除非特别注明），新发区发生（危害）程度指标的界定按检疫规程的有关要求另行规定。

3.表中除非特别注明，否则均为成林发生（危害）程度标准，幼林发生（危害）程度的标准在此基础上相应地降低1/3。

4.幼林和成林的界定，各地可按不同的树种，结合当地的实际情况进行划分。

5.表中的统计单位有一个以上的指标时，根据不同的时期、不同的调查方法达到一个指标即可。

三、林业有害生物成灾标准

2012年发布，未列的种类可参照同种类的指标和标准执行，数值均按四舍五入法统计。

表3-2　主要林业有害生物成灾标准

种类		成灾指标		
		危害程度	受害株（梢）率（%）	林木死亡株率（%）
松材线虫病		出现感染病株		
美国白蛾		失叶率20%以上	2以上	
鼠（兔）			25以上	10以上（幼树）
薇甘菊				3以上
检疫性有害生物	叶部害虫	失叶率40%以上		5以上
	钻蛀性害虫		15以上	5以上
	叶部病害	感病率40%以上		5以上
	干部病害		20以上	5以上
	有害植物			5以上
非检疫性有害生物	叶部害虫	失叶率60%以上		10以上
	钻蛀性害虫		20以上	10以上
	叶部病害	感病率60%以上		10以上
	干部病害		30以上	10以上
	有害植物			10以上

注：表中的成灾指标有一个以上时，根据不同的时期、不同的调查方法达到一个指标即可。

第四节　林业有害生物基本调查表及说明

森林病虫害调查的主要成果是能反映各种野外信息的调查表、统计表和汇总表。

调查表是对调查范围空间的现实记录，又称调查记录表，记载内容包括各种社会信息、资源状况、自然地形、有害生物等。由于调查的有害生物种类不同、要求不同，调查表的记录内容也会不同，本节仅介绍普遍适用的最基本内容。

统计表是对调查表的分类汇总和评定。

汇总表是对一个调查单位所有分类统计表的汇总和总体评定。

对于不同有害生物调查的具体填表内容和要求，中国林草防治网（http://www.forestpest.cn/index.html）都有相关标准。本节主要介绍一般调查所需的参考样表。在实际中，统计表和汇总表都是专业人员填写，在此不再介绍。实际工作中，根据调查内容、目的、要求及技术条件，可对调查表内容进行调整或增加。

一、踏查用表

踏查主要采用目测法（也可借助视听设备等现代信息工具）进行，将沿途目测结果随时记入表格内，也叫记录表、纪实表、摸底表，是估计数据，准确程度决定于工作人员的经验和选取的路线。

（一）虫害踏查记录表

表3-3 虫害踏查记录表

林场（乡镇）、林班（行政村）：_____

地形图编号（经纬度）：_____

调查日期	调查地点	林分概况	面积		卫生情况	害虫种类和为害情况			防治措施	
			调查总面积	被害面积		食叶害虫	蛀干害虫	枝梢害虫	名称	面积

注：1.表中林分概况主要是指林木组成、林龄、地位级、郁闭度、地形地势等。

2.卫生情况主要是指风倒、风折、枯立木等的数量和分布状况。

3.害虫种类和为害情况主要是指主要害虫的种类、发育阶段和危害程度。危害程度分轻、中、重三级，食叶害虫以树叶被害20%以下为轻微，20%～60%为中等，60%以上为严重。蛀干害虫和枝梢害虫则以被害株数在5%以下为轻微，5%～10%为中等，10%以上为严重。

（二）病害踏查记录表

表3-4 病害踏查记录表

林场（乡镇）、林班（行政村）：_____

地形图编号（经纬度）：_____

日期	分区	林班	小班	调查因子简要记载	小班面积		森林病理卫生情况	保护措施	
					共计	受害		名称	面积

注：1.调查因子主要是指林木组成、林龄、平均胸径、平均树高、疏密度、海拔高、坡向、坡位等。

2.森林病理卫生情况是指主要病害种类、分布状况和危害程度，其他如枯立木、倒木、火烧迹地及管理情况等也应记载。分布状况分为单株、团状（三五成群地分布）、块状、片状（连成一片，通常在林分中达4亩以上，苗圃中达100平方米以上）。危害程度分轻微、中等、严重三级，分别以"+""++""+++"符号代表，分级标准因病害种类而异，最常见的分级方法如下：

全株性病害：如根病、树干上的瘿瘤、枯萎病、丛枝病和果实病害等，可按感病株数或果数的多少来分级，即轻微为感病植株或果数占5%以下；中等为感病植株或果数占6%～30%；严重为感病植株或果数占31%以上。

感病植株叶部和枝梢病害的严重程度往往差别较大，应以大多数植株的级别为主要依据，即轻微为1/4以下叶片或枝梢感病；中等为1/4～1/2叶片或枝梢感病；严重为1/2以上叶片或枝梢感病。

（三）鼠、兔害踏查记录表

表3-5　鼠、兔害踏查记录表

林场（乡镇）、林班（行政村）：＿＿＿＿＿＿＿＿＿＿

地形图编号（经纬度）：＿＿＿＿＿＿＿＿＿＿＿

调查日期	调查地点	林分概况	面积		卫生情况	鼠、兔种类和为害情况			防治措施	
			调查总面积	被害面积		地上鼠	地下鼠	野兔	名称	面积

注：1.表中林分概况主要是指林木组成、林龄、地位级、郁闭度、地形地势等。

2.卫生情况主要是指风倒、风折、枯立木等的数量和分布状况。

3.鼠、兔种类和为害情况主要是指主要为害的鼠、兔种类和危害程度。危害程度分轻、中、重三级，参看本书林业有害生物发生（危害）程度标准。

二、标准地调查记录表

标准地调查，是在踏查的基础上，为进一步了解某种病害或害虫的发生以及危害的详细情况而进行的调查。根据不同的调查目的，可在不同的林分内选设标准地。在一块标准地内，立地条件和林分因子应力求一致。标准地的选择要尽可能地代表调查目标的整体水平。

（一）虫害的调查

1.食叶害虫调查记录表

除记载林分概况外，还应着重对主要害虫各虫期虫口密度和危害情况进行调查。当树形矮小及虫口密度不大时，可采用全株调查；树高不便于直接统计时，可分别于树冠上、中、下部及不同方位截取样枝统计虫口，并换算成整株虫口数量；对金龟子等假死性害虫，可将其震落，但统计数字时，还应取样统计树上未被震落的虫数。树干上茧和卵的调查，除直接统计外，必要时还可伐倒分段取样。落叶层和表土层中越冬幼虫和蛹的虫口密度调查，可在标准木下树冠投影内分别于不同方位设立0.5米×2米的小样地（0.5米一边紧靠树干），统计20厘米土层内主要害虫的虫口密度。

表3-6　食叶害虫调查记录表

林场（乡镇）、林班（行政村）：＿＿＿＿＿＿＿＿＿＿＿＿＿＿

地形图编号（经纬度）：＿＿＿＿＿＿＿＿＿＿＿＿＿＿＿

标准地编号（类型编号）：＿＿＿＿＿＿＿＿＿＿＿　标准地面积：＿＿＿＿公顷

调查日期	调查地点	标准地号	标准木号	林分概况	害虫名称及主要虫害	害虫数量						备注
						健康	死亡	被寄生	其他	总计	一平方米或一株树上害虫数	

2.蛀干害虫调查记录表

蛀干害虫调查选设标准地，使之尽可能代表各种立地条件和各种危害程度，以便反映林分全貌。标准地内立木总株数不得少于100株，分别统计健康木、衰弱木（生长量降低，但无害虫寄居的树木），并分别统计其所占株率，还应统计标准地内风倒木、风折木的数量，然后于衰弱木和枯立木中选取标准木3～4株。伐倒前量其胸高直径，标出方位，伐倒后测其树高，查定树龄，记载其生长状态，并从树甚至树顶刮去一条不少于10厘米宽的树皮，于害虫分布有代表性的地方，在树干南北方向及上、中、下部设20厘米×50厘米的样方数块。将统计结果分别记载于表3-7和表3-8。如果害虫种类较多，可在表3-8中增设。

表3-7　蛀干害虫调查记录表（总体情况）

林场（乡镇）、林班（行政村）：＿＿＿＿＿＿＿＿＿＿＿＿＿＿

地形图编号（经纬度）：＿＿＿＿＿＿＿＿＿＿＿＿＿＿＿

标准地编号（类型编号）：＿＿＿＿＿＿＿＿＿＿＿　标准地面积：＿＿＿＿公顷

调查时间	调查地点	调查地号	简单调查因子	总株数	健康木		衰弱木		枯萎木		枯立木		风倒木	风折木	备注
					株数	%	株数	%	株数	%	株数	%			

表3-8 蛀干害虫调查记录表（虫种情况）

林场（乡镇）、林班（行政村）：＿＿＿＿＿＿＿＿＿＿＿

地形图编号（经纬度）：＿＿＿＿＿＿＿＿＿＿＿

标准地编号（类型编号）：＿＿＿＿＿＿＿＿＿＿＿ 标准地面积：＿＿＿＿公顷

调查时间	调查地点	标准地号数	标准木				小蠹虫									天牛			
							样方上					100平方厘米面积上				样方上		100平方厘米面积上	
			号数	树高	胸径	年龄	样方大小	穴数	母虫道	羽化孔	蛹及成虫	幼虫	穴数	母虫道	羽化孔	蛹及成虫	幼虫	样方大小	幼虫	入木质部虫道	蛹	幼虫	入木质部虫道	蛹

3.枝梢害虫调查记录表

危害幼枝、嫩梢的害虫，主要是一些钻蛀性害虫，如松梢螟等。调查时可于幼林或中龄林内包括100～200株树的标准地，详细统计健壮株数和被害株数等（或按主梢、侧梢被害株数分别统计），记载于表3-9中，并在被害株中选取5～10株统计健壮梢数和被害梢数等，记载于表3-10中。

表3-9 枝梢害虫调查记录表（总体情况）

林场（乡镇）、林班（行政村）：＿＿＿＿＿＿＿＿＿＿＿

地形图编号（经纬度）：＿＿＿＿＿＿＿＿＿＿＿

标准地编号（类型编号）：＿＿＿＿＿＿＿＿＿＿＿ 标准地面积：＿＿＿＿公顷

调查时间	调查地点	标准地号	简单调查因子	调查株数	被害株数	被害（%）	害虫主要种类	备注

表3-10 枝梢害虫调查记录表（虫种情况）

林场（乡镇）、林班（行政村）：＿＿＿＿＿＿＿＿＿＿＿

地形图编号（经纬度）：＿＿＿＿＿＿＿＿＿＿＿

标准地编号（类型编号）：＿＿＿＿＿＿＿＿＿＿＿ 标准地面积：＿＿＿＿公顷

调查时间	调查地点	标准地号	标准株调查							备注
			标准株号	树高	胸径或根径	年龄	总梢数	被害梢数	被害梢（%）	虫名	

4.地下害虫调查记录表

主要是调查金龟子幼虫等根部害虫，通常每15亩面积挖取样坑5个，苗圃加倍。样坑大小一般为100厘米×100厘米，深度按踏查所了解的害虫栖居深度而定，样坑选设在有代表性的地方，于不同坡度、坡向按对角线或棋盘式均匀分布。调查时，先记载地面植物种类和覆盖度，然后每10～20厘米深度分层取土捣碎，仔细检查主要虫种及数量，并将各层土壤之酸碱度、机械组成等记载于表中。

表3-11 地下害虫调查记录表

林场（乡镇）、林班（行政村）：＿＿＿＿＿＿＿＿＿＿＿＿＿＿

地形图编号（经纬度）：＿＿＿＿＿＿＿＿＿＿＿＿＿＿＿

标准地编号（类型编号）：＿＿＿＿＿＿＿＿＿＿＿＿＿ 标准地面积：＿＿＿＿公顷

调查时间	调查地点	土壤植被概况	样坑号	样坑深度	害虫名称	虫期	害虫数量	备注

（二）病害的调查

在病害的调查中，发病程度的记载是标准地调查最主要的内容之一，比踏查要求精确，记载方法有以下两种。

1.发病率

通常以感病植株数占调查总株数的百分率来表示。如在标准地调查100株，其中有28株感病，发病率即为28%。

凡感病植株所受损害彼此差异不大的病害，如根腐、立木腐朽和苗木立枯病等，都可用发病率来表示。果实或枝梢病害则可以感病果实或枝梢的百分率来表示。

2.感病指数

某些病害如叶斑病类，有的植株只有少数叶片感病，对全株影响不大；有些植株大部分叶片感病甚至枯死脱落，对植株生长影响很大。对这类病害用发病率难以准确表示其严重程度，用感染指数则既能表示病害的普遍性，又能表示病害的严重性。方法是先将标准地内的植株按发病的轻重分为若干级，分别统计各级的株数，同时按各级的严重程度定一代表数值，然后按下列公式求出感染指数。

$$感染指数 = \frac{病级株数 \times 代表数值}{最高一级代表数值 \times 调查总株数} \times 100$$

例如，某针叶树细菌性叶枯病的分级标准、各级代表数值及某一标准地上各级株数如下：

表3-12 某针叶树细菌性叶枯病分级标准

级别	感病情况	代表数值	株数
零级	无病或几乎无病	0	40
一级	1/4以下针叶及枝梢感病	1	20
二级	1/4～1/2针叶及枝梢感病	2	15
三级	1/2～3/4针叶及枝梢感病	3	15
四级	3/4以上针叶及枝梢感病	4	10
合计			100

求得感病指数如下：

$$感染指数 = \frac{40 \times 0 + 20 \times 1 + 15 \times 2 + 15 \times 3 + 10 \times 4}{4 \times 100} \times 100 = 33.75$$

感病指数最小为0，最大为100，越大，则说明某种病害发生越严重。病害分级数的多少视病害种类及调查目的而定，分级过少，不能反映病害的轻重；分级过多，会造成调查的复杂化，调查者不易掌握。一般以4～6级为宜，病株分级标准要明确具体，并用文字或图片说明，便于掌握。

标准地的大小因调查对象不同而不同，幼林中约0.1～0.5公顷，成林中约0.5～1.0公顷，标准地上应有林木100株以上。在人工林中，可以若干栽植行设立，同一类型标准地应重复3～5次，记载时可参考下表。

表3-13 林木病害标准地调查表

林场（乡镇）、林班（行政村）：＿＿＿＿＿＿＿＿＿＿＿＿＿＿＿

地形图编号（经纬度）：＿＿＿＿＿＿＿＿＿＿＿＿＿＿＿＿＿

标准地编号（类型编号）：＿＿＿＿＿＿＿＿ 标准地面积：＿＿＿公顷

树种：＿＿＿ 病名：＿＿＿ 标准地号：＿＿＿ 面积：＿＿＿

林班：＿＿＿＿＿ 小班：＿＿＿＿＿

林分组成：＿＿＿＿ 树龄：＿＿＿＿

疏密度：＿＿＿ 平均树高：＿＿＿ 平均胸径：＿＿＿

林分立地条件：

下木：_____

地被：_____

地形地势：_____

林内卫生状况：_____

造林时间：_____

表3-14　每木调查记录表

径级	调查株数	健康株数	病害各级株数				感病指数或发病率	备注
			I	II	III	IV		

苗圃病害的标准地设立：应在每一块圃地上按对角线或棋盘式的位置设立5～10块，靠近圃地边缘的标准地应距边缘2～3米。

标准地的大小视苗木密度而定，针叶树苗约0.5～1.0平方米，阔叶树苗应在1平方米以上，每块标准地上的苗木应有100株以上，标准地的数量以其总面积不低于调查面积的0.3%为原则。记载可参考下表：

表3-15　苗圃病害标准地调查表

苗圃名称及所在地：_____

树种：_____　病名：_____　病原：_____

苗龄：_____　症状：_____

地形地势：_____

土壤：_____

前作物：_____

种子来源：_____　发病时期：_____

播种日期及方法：_____　病害动态：_____

抚育经过：_____

防治措施及效果：_____

表3-16　苗圃标准地调查记录表

标准地号	面积	苗木总株数	健康苗株数	病苗数					发病率或感病指数	备注
				I	II	III	IV	合计		

（三）鼠兔害的调查

根据鼠、兔的活动习性，在春季和秋季分别开展调查。

设立标准地：选择鼠害的常灾区和偶灾区，按不同的立地条件、林型选设面积为1公顷的标准地20～30块，标准地内林木株数不少于100株。逐株调查填表，计算出受害株率和死亡株率。

受害株率（%）＝（受害株数／调查株数）×100

（注：受害株数包括死亡株数）

死亡株率（%）＝（死亡株数／调查株数）×100

受害的判定：

1. 地下鼠：以树下有鼠洞，且松树针叶发灰、发黄，顶芽生长缓慢判定为受害。

2. 地上鼠：对于鼢鼠、绒鼠的危害，以树干四周皮部1/4以上被啃食或侧枝被啃断1/4枝为林木受害的统计起点；对于田鼠、鼠兔的危害，以树干四周皮部1/4以上被啃食或侧根际被挖啃1/4为林木受害的统计起点。

3. 沙鼠：将标准地划分为4块样方，在样方内逐株调查林木受害情况。

4. 野兔：树干、树枝、树根、新梢被啃食即为受害。

表3-17 害鼠标准地概况记录表

乡镇名称：_____ 行政村名称：_____

地形图编号：_____ 标准地号：_____

地点描述：_____

林木组成：_____ 主要树种：_____

树龄（年）：_____ 平均胸径（厘米）：_____

平均树高（米）：_____ 冠幅（米）：_____

坡向（阴、阳）：_____ 坡度（0°～90°）：_____

发生类型（偶发、常发）：_____ 主测害鼠（鼠兔）：_____

其他害鼠（鼠兔）：_____ 标准地面积（公顷）：_____

立地类型：_____ 该立地类型林地面积（公顷）：_____

土壤质地：_____ 土壤厚度（厘米）：_____

植被种类：_____ 海拔（米）：_____

调查人：_____ 调查时间：_____年___月___日

表3-18　林木受害情况调查记录表

乡镇名称：＿＿＿＿＿＿＿＿＿　行政村名称：＿＿＿＿＿＿＿＿＿＿

地形图编号：＿＿＿＿＿＿＿＿　标准地号：＿＿＿＿＿＿＿＿＿＿

调查株数（株）：＿＿＿＿＿＿　受害株数（株）：＿＿＿＿＿＿＿

死亡株数（株）：＿＿＿＿＿＿　受害株率（%）：＿＿＿＿＿＿＿

死亡株率（%）：＿＿＿＿＿＿　代表面积（公顷）：＿＿＿＿＿＿

调查人：＿＿＿＿＿＿＿＿＿＿　调查时间：＿＿＿＿年＿＿月＿＿日

第四章　农药基本知识

第一节　农药的概念及分类

一、农药的概念

农药，一般来说是指防治危害农、林作物及其产品的害虫、病菌、杂草、螨类及鼠类等有害生物的药剂、信息素及植物生长调节剂，还包括提高这些药剂效力的辅助剂、增效剂等。有广义与狭义之分。

广义的农药：是指用于预防、消灭或者控制危害农业、林业的病、虫、草和其他有害生物，以及有目的地调节、控制、影响植物和有害生物代谢、生长、发育、繁殖过程的化学合成，或者来源于生物、其他天然产物及应用生物技术产生的一种物质或几种物质的混合物及其制剂。

狭义的农药：是指在农业生产中，为保障、促进植物和农作物的生长，所施用的杀虫、杀菌、杀灭有害动物（或杂草）的一类药物的统称。特指在农业上用于防治病虫以及调节植物生长、除草等的药剂。

二、农药的分类

（一）按原料来源分类

1.无机农药

无机农药是从天然矿物中获得的无机分子农药（俗称化学农药）。无机农药来自自然界，环境可溶性好，一般对人毒性较低，是目前大力提倡使用的农药。可在生产无公害食品、绿色食品、有机食品中使用。无机农药包括无机杀虫剂、无机杀菌剂、无机除草剂，如石硫合剂、硫黄粉、波尔多液等。无机农药一般分子量较小，稳定性差一些，多数不宜与其他农药混用。

2.生物农药

生物农药是指利用生物或其代谢产物防治病虫害的产品。生物农药有很强的专一性，一般只针对某一种或某类病虫发挥作用，对人无毒或毒性很小，也是目前大力提倡推广的农药。可在生产无公害食品、绿色食品、有机食品中使用。生物农药包括真菌、细菌、病毒、线虫等及其代谢产物，如苏云金杆菌、白僵菌、昆虫核型多角体病毒、阿维菌素等。生物农药在使用时，活菌农药不宜和杀菌剂以及含重金属的农药混用，尽量避免在阳光强烈时喷用。

3.有机农药

有机农药包括天然有机农药和人工合成有机农药两大类。

（1）天然有机农药是来自自然界的有机物，环境可溶性好，一般对人毒性较低，是目前大力提倡使用的农药。可在生产无公害食品、绿色食品、有机食品中使用。如植物性农药、园艺喷洒油等。

（2）人工合成有机农药即合成的有机分子制剂农药，种类繁多，结构复杂，大都属高分子化合物，酸碱度多是中性，多数在强碱或强酸条件下易分解，有些宜现配现用或相互混合使用。主要分为五类：

①有机杀虫剂：包括有机磷类、有机氯类、氨基甲酸酯类、拟除虫菊酯类、特异性杀虫剂等。

②有机杀螨剂：包括专一性的含锡有机杀螨剂和不含锡有机杀螨剂。

③有机杀菌剂：包括二硫代氨基甲酸酯类、酞酰亚胺类、苯并咪唑类、二甲酰亚胺类、有机磷类、苯基酰胺类、甾醇生物合成抑制剂等。

④有机除草剂：包括苯氧羧酸类、均三氮苯类、取代脲类、氨基甲酸酯类、酰胺类、苯甲酸类、二苯醚类、二硝基苯胺类、有机磷类、磺酰脲类等。

⑤植物生长调节剂：包括生长素类、赤霉素类、细胞分裂素类等。

（二）按防治对象分类

可分为：杀虫剂、杀菌剂、杀螨剂、杀线虫剂、杀鼠剂、除草剂、脱落剂、植物生长调节剂等。

（三）按作用方式分类

1.杀虫剂

（1）胃毒剂：通过消化系统进入害虫体内，使害虫中毒死亡的药剂。

（2）触杀剂：通过接触害虫表皮渗入害虫体内，使害虫中毒死亡的药剂。

（3）熏蒸剂：以气体状态通过害虫呼吸系统进入体内，使害虫中毒死亡的药剂。

（4）内吸性杀虫剂：通过植物的叶、茎、根部将药剂吸收进植物体内并在植物体内传导、散布、存留或产生代谢物，在害虫取食植物组织或汁液时，能使其死亡的药剂。

（5）特异性杀虫剂：包括忌避剂、性诱剂、保幼激素、聚集信息素、不育剂、粘捕剂等。这类杀虫剂选择性强，防治效果显著，对环境无公害，是目前农业、林业有害生物防治药剂的发展方向。

2.杀菌剂

（1）保护剂：在植物感病前，喷施于植物表面，能抑制病原孢子的萌发，以保护植物免受病原物侵染危害的药剂。

（2）治疗剂：在病原菌侵入植物体内以后或植物已经感病时，用来处理植物，杀灭病原，使植物不再受害或恢复健康的药剂。

3.除草剂

（1）触杀性除草剂：通过直接接触可以杀死杂草的药剂。这类药剂一般只能杀死杂草的地上部分，对地下部分作用不大，因此只能用来防治1年生杂草，对多年生宿根杂草防治效果不好。

（2）内吸性除草剂：能够通过杂草的叶、茎、根部吸收进入植物体内，并在植物体内传导、散布，从而杀死杂草。这类药剂药效作用较慢，一般要在几天以后才能见效。

三、农药辅助剂

（一）农药辅助剂的概念

以生产出来的原药为基质，选择性地加入一定量能改善农药理化性状、提高药效或扩大农药使用范围的物质，将其称作辅助剂。如农药的稳定性、湿润性、黏着性、悬浮性等，均与所用辅助剂有很大关系。使用辅助剂不但可以提高药效、节省农药的计量、减少产生药害的机会，还可以扩大农药的应用范围。

（二）辅助剂的种类

1.填充剂：加工配置药剂所使用的填料，它性质稳定，不起化学变化，只能使农药浓度变稀。

2.湿润剂：可使药液在植物或病虫体上易于湿润展着，增加药剂与植物或病虫体的接触面积，减少药剂流失。

3.乳化剂：能使两种互不相容的双向液体变成单项溶液（均相溶液）。降低油与水间的界面张力，在微小油滴的周围均匀地包围一层乳化剂，使这些微小油滴均匀地悬浮在水中，成为乳白色的乳状液。

四、农药的相型

1.粉剂：用一定量农药原药和填料（滑石粉、陶土、高岭土等）经过机械磨碎成为粉状的混合物，供喷粉使用，要求粉粒直径在100皮米以下。粉剂不易被水所湿润，不能分散或悬浮在水中。粉剂使用方便、不需水源，最适于干旱缺水的地区和林区施用。

2.可湿性粉剂：用农药原药、湿润剂和填料经过机械粉碎混合制成的粉状混合物，粉粒直径在74微米以下。在粉剂中加入湿润剂后可以使粉剂容易被水湿润，分散在水中成悬浮液，供喷雾使用，因此称之为可湿性粉剂。

3.可溶性粉剂：把具有水溶性的固体原药与填料经过机械粉碎加工制成可溶性粉剂，加水溶解后供喷雾使用。

4.乳油：用农药原药、乳化剂、溶剂制成的透明油状液体制剂。加水后即可稀释成不透明的乳剂。乳化剂的作用是使油和水能均匀地混合成为乳浊液，供喷雾使用。

5.乳粉：又称固体乳剂。它是用农药原粉与亚硫酸纸浆废液，或与氯化钙及乳化剂制成的固体粉状物，加水稀释后可代替乳剂供喷雾使用。

6.液剂：又称水剂。原药可溶于水，不需要加入什么助剂，可直接加水稀释使用。

7.片剂（锭剂）：将水溶性药剂制成片状的制剂。其优点是使用方便，容易计算药量。

8.胶体剂：用农药原药和分散剂经过融化、分散、干燥等过程制成药粒直径在2皮米以下的可湿性粉状制剂，加水稀释剂成悬浮液。

9.缓释剂：在农药加工过程中，利用物理或化学的方法使农药贮存于农药的加工品中，将农药颗粒包裹起来，使用时，根据需要使农药有控制地缓慢释放出来。缓释剂可以延长药剂的残效期，可使高毒农药低毒化，减少对害虫天敌的杀伤和对环境的污染等。

另外，还有熏蒸剂、烟剂、颗粒剂等。

第二节 农药的特性

一、毒性

也叫药性。一般来说，每克体重4毫克以下的药量能导致昆虫个体发生严重病变或死亡的化学物质叫药剂。

二、毒力

是指药剂在一定条件下对某种生物毒害作用的大小，是实验的结果。药剂的毒力常用"致死中量"表示，即杀死生物种群半数（50%）时所需要的剂量。

三、药效

是指药剂在各种因素影响下对有害生物防治效果的好坏，指田间实际防治的结果。药效常用药剂处理有害生物的死亡率来表示。用药剂处理过的种群，其死亡率必须剔除自然状态下该有害生物种群的死亡率才能获得比较正确的结论。

第三节 安全用药

一、农药对人、畜的毒害

（一）农药的毒性强弱及表示方法

农药的毒性强弱根据致死中量（LD50）的大小可划分为五个等级。

剧毒：LD50＝1～50毫克／千克 体重

高毒：LD50＝50～100毫克／千克体重

中毒：LD50＝100～500毫克／千克 体重

低毒：LD50＝500～5000毫克／千克体重

微毒：LD50＝5000～1500毫克／千克 体重

（二）农药进入人体内的主要途径

农药进入人体内的主要途径有三种，即皮肤、呼吸道（经鼻——咽喉——支气管——肺——血液）、消化道（经口腔——食道——胃——肠——血液）。

在农药使用过程中，药剂中毒的发生主要由皮肤和呼吸道两个途径侵入体内。由消化道进入引起的中毒，只在极少数误食的情况下才会发生。

（三）农药中毒的预防和急救措施

1.生产、运输、保管时预防中毒：生产、运输、保管过程中发生泄漏，从而导致环境污染和中毒事件发生。因此，必须严格遵守农药生产、运输、保管的有关规定，才能有效避免中毒事件发生。

2.配药时预防中毒：配药人员应首先熟悉安全使用农药和安全配置药剂的方法，要戴橡胶或塑料手套和防毒口罩，小心操作，不使原药溢流或溅出瓶外，更不能将原药溅沾到身上或手上与皮肤接触。配制过有毒农药的器具，要用10%的碱水浸泡24小时以上，再用清水冲洗干净后单独保存。装药的瓶子、袋子也要妥善保管，深埋或销毁，不可用作生活用品或随处乱扔。药液要随配随用，未用完的药液不可乱放，要有专人看管。

3.施用时预防中毒：在喷施农药时，施药人员必须穿戴长袖服装，佩戴口罩、风镜和手套，避免过多地接触农药。同时每天施药操作时间不要超过6小时。喷药时要注意风向，施药人员应在上风头，工作时不能饮食和吸烟。如发现施药时药剂沾染皮肤，应立即用肥皂水或碱水清洗干净。如发现中毒症状，应立即停止作业，及时诊治。

二、正确选用农药

（一）减少对环境的污染

1.禁止某些剧毒、长效、广谱农药的生产和使用，或者限制其使用时间、场合、次数等。如滴滴涕、六六六等要严格限制使用。

2.改进农药施药方法。如颗粒剂和胶囊剂要深层施药、超低容量喷雾等。

3.创制高效、低毒、无残留、高选择性的农药等。

（二）提高用药安全系数

农药的品种、使用浓度和用量：一方面，同一种农药不仅作用于害虫，而且也作用于被保护的植物，不同的植物，对农药的耐受性极不相同，若选用不当，就会产生药害，造成损失；另一方面，不同的农药品种，各有一定的适宜防治对象，甚至对同一种昆虫的不同发育阶段，防治效果也有极大的不同。而任何一种杀虫剂的有效性及其是否对被保护的植物产生药害，又与农药的使用浓度和用量直接相关。因此，必须根据农药、被保护的植物和害虫三者间的相互关系，正确地决定农药的品种及其使用的浓度和用量，使之既能最大限度地杀死害虫，又不致产生药害。通常，应用下列公式来表述三者的关系：

农药的安全系数＝农药对植物产生药害的最低浓度／农药对害虫的最低有效浓度

从上式可以看出，农药安全系数等于或小于1时，这种农药就不能应用，当指数大于1时，才有应用的可能，而且越大越好。农药的安全系数随植物和农药的种类而变动。通常，各种商品农药都附有简要的物理化学特性、常用浓度和剂量、适宜的防治对象以及适于应用的作物种类等说明，可供参考利用。产品说明书中未列入的害虫或植物应慎重使用。

第四节 农药的使用方法及注意事项

一、农药的使用方法

（一）喷雾

借助于喷雾器械将药液均匀地喷布于防治对象及被保护的寄主植物上。是目前生产上应用最广泛的一种方法。适合于喷雾的剂型有乳油、可湿性粉剂、可溶性粉剂、胶悬剂等。在进行喷雾时，雾滴大小会影响防治效果，一般地面喷雾直径最好在50～80微米之间，喷雾时要求均匀周到。喷雾时最好不要选择中午，以免发生药害及人体中毒。

（二）喷粉

利用喷粉器械产生的风力，将粉剂均匀地喷布在目标植物上的施药方法。此法最适于干旱缺水的地区使用。适于喷粉的剂型为粉剂。此法的缺点是用药量大，粉剂黏附性差，效果不如同药剂的乳油和可湿性粉剂好，而且易受风吹和雨水冲刷，污染环境。因此，喷粉时易在早晚叶面有露水或雨后叶面潮湿且静风条件下进行，使粉剂易于在叶面沉积附着，提高防治效果。

（三）土壤施药

将药粉均匀撒施于地面，然后进行耧耙翻耕等，主要用于防治地下害虫或在地面活动的昆虫。

（四）拌种、浸种（浸苗）、闷种

拌种是指在播种前用一定量的药粉或药液与种子搅拌均匀，用以防治种子传染的病害和地下害虫。

浸种（浸苗）是将种子（幼苗或幼苗根系）浸泡在一定浓度的药液里，用以

消灭种子幼苗所带的病菌或虫体。

闷种是把种子摊在地上，把稀释好的药液均匀地喷洒在种子上并搅拌均匀，然后堆起覆盖熏闷，经一段时间后，晾干即可。

（五）毒饵

利用害虫喜食的饵料与农药混合制成，引诱害虫前来取食，产生胃毒作用将害虫毒杀而死。常用的饵料有麦麸、米糠、豆饼、花生饼、玉米芯、菜叶等。也可用谷子、高粱、玉米等谷物煮至半熟，取出晾干，拌上胃毒剂。

（六）熏蒸

利用有毒气体来杀死害虫或病菌的方法。一般应在密闭条件下进行。主要用于防治温室大棚、仓库、蛀干害虫和种苗上的害虫。

二、农药使用时的注意事项

（一）不能大风天使用农药喷雾。

（二）不能阴雨天野外使用农药。

（三）不在高温炎热的时间喷洒农药。

（四）不用井水稀释农药。井水中含有大量钙、镁等物质，用井水稀释农药会破坏药剂的乳化及悬浮性能，使药效降低甚至完全丧失，不仅影响防治效果，而且容易产生药害。

（五）可湿性粉剂不能直接喷粉。

（六）不使用颗粒剂农药浸水喷雾。

（七）根据防治对象选择合适的农药品种和剂型，选择高效、低毒、低残留的农药。

（八）区分真假农药。主要是标签识别，要有完整的三个证书。农药名称：商品名＋普通名称；净重：克或千克、升或毫升；生产日期、保质期、工厂名称、联系信息、毒性标签、农药类型、使用说明和注意事项。要注明物质形式：粉剂、可湿性粉剂、松散粉剂、乳剂、水剂、片剂等。

（九）合理配制、合理应用、合理轮换。

三、农药混合使用的基本常识

（一）两种农药混合不能发生化学变化。

（二）农药混配的物理性质应保持不变。

（三）农药的混合物不应增加对有益生物和天敌的危害。

（四）实现协同增效。

（五）不高于单独使用的残留量。

四、选择最合适的防治时机

应该在植物有遭受害虫严重损害的实际危险，但又未实际发生这种危害之前将害虫扑灭，这就要求正确地掌握使用农药的适宜时机。

（一）害虫大部分或全部进入最适于用药的发育阶段。

（二）害虫的大多数天敌种类处于不活动时期。

（三）能够兼治同一生境内其他的有害昆虫。

第五节　农药的浓度及配比

一、药液浓度

（一）百分浓度

一百份药液（或药粉）中含药的份数，符号是%。百分浓度又分重量百分浓度和容量（体积）百分浓度。固体之间或固体与液体间的配药常用重量百分浓度；液体之间的配药常用容量百分浓度。

（二）百万分浓度

一百万份药液（或药粉）中含农药的份数，符号是ppm（或微克/毫升、毫克/升、克/立方米等）。

（三）倍数法

药液（或药粉）中稀释剂（水或填充料等）的量为原农药加工品量的多少倍。因此，倍数法一般不能直接反映出农药有效成分的稀释倍数。倍数法如不注明按容量稀释，一般都是按重量计算的。稀释倍数越大，按容量计算与按重量计算之间的误差就越小。根据稀释倍数的大小，又可将倍数法分为以下两种：

1. 内比法：用于稀释一百倍或一百倍以下，计算时要扣除原药剂所占的一份。如稀释50倍，即用原药剂1份加稀释剂（水）49份。

2. 外比法：用于稀释一百倍或一百倍以上，计算时不扣除原药剂所占的一份。如稀释500倍，即用原药剂1份加稀释剂500份。

二、浓度之间的换算

（一）百分浓度与百万分浓度之间的换算

百万分浓度（ppm）＝10000×百分浓度

（二）倍数法与百分浓度之间的换算

百分浓度（%）＝原药剂浓度／稀释倍数×100

例：50%某乳剂稀释400倍后，浓度相当于百分之几？相当于多少ppm？

解：50%÷400×100＝0.125（%）

10000×0.125＝1250（ppm）

三、农药配比（稀释）

农药在使用时对原药（一种或数种）和稀释剂按一定比例进行配制，通常情况下也叫稀释。生产中一般需要如下计算。

（一）求稀释剂（水或填充料等）用量

稀释一百倍以下：

稀释剂用量＝原药剂重量×（原药剂浓度－所配药剂浓度）／所配药剂浓度

稀释剂用量＝原药剂重量×稀释倍数－原药剂重量

稀释一百倍以上：

稀释剂用量＝原药剂重量×稀释倍数

（二）求用药量

原药剂用量＝所配药剂重量×所配药剂浓度／原药剂浓度

原药剂用量＝所配药剂重量／稀释倍数

（三）求稀释倍数

稀释倍数＝原药剂浓度／所配药剂浓度

稀释倍数＝所配药剂重量／原药剂重量

用低浓度药剂把高浓度药剂稀释成所需中间浓度药剂时两种药剂用量的计算：

高浓度药剂用量＝所配药剂重量×（所配药剂浓度－低浓度药剂浓度）／（高浓度药剂浓度－低浓度药剂浓度）

低浓度药剂用量＝所配药剂重量－高浓度药剂用量

两种或两种以上不同浓度药剂混合后浓度的计算：

设：药剂的第一种浓度为A，重量为G_1

药剂的第二种浓度为B，重量为G2

混合药剂浓度（%）＝（A×G1＋B×G2＋…）／（G1＋G2＋…）×100

四、农药浓度与液体稀释倍数的计算方法

（一）农药浓度计算法

浓度（%）＝农药重量（原药）／溶液重量（即水量＋药量）×100

农药重量（原药）＝溶液重量×浓度

应加水的重量＝溶液重量－农药重量

（二）液体稀释倍数计算法

重量稀释倍数："浓除以稀，减去一"。

例：如果用95%的酒精稀释配制70%的酒精，1千克酒精加多少水？

解：95÷70－1＝0.36（千克）

容量稀释倍数："浓除以稀，减去一，再乘以比重"。

例：用原液是22度（比重是1.2）的石硫合剂配制成0.3度的溶液，1千克原液加多少千克水？

解：（22÷0.3－1）×1.2＝86.8（千克）

第五章　林业主要害虫及综合防控

第一节　地下害虫及防控

一、概念

地下害虫泛指危害期生活于土壤中的各种害虫。其许多种类是农作物上危害严重的害虫，食性杂，分布广，以苗木的幼根、嫩茎为食料，给苗木带来很大危害。严重时，常常造成缺苗、断垄等现象，也称"苗圃害虫"。

我国地下害虫有8目38科约320余种，其中西北地区有116种。主要种类有直翅目的蝼蛄、蟋蟀；鞘翅目的金针虫、蛴螬；鳞翅目的地老虎及双翅目的种蝇、根蛆等。其中危害最大的是地老虎、金针虫、蛴螬和蝼蛄四大类。西北地区以地老虎、蛴螬、金针虫为主。

二、危害的主要类型

蛀食种子：主要是金针虫类等。

啃食苗木根系和根茎部分：主要是蛴螬类和蝼蛄类等。

咬食植物幼苗：主要有地老虎类等。

三、主要害虫的防控

（一）金龟类（鞘翅目，金龟科）

1.基本概况

金龟类的幼虫总称蛴螬，常因地区不同，而被称为地蚕、土蚕、鸡粪虫等。金龟（金龟子）是对其成虫的总称，也被各地分别叫作硬壳虫、金虫、瞎撞、铜克朗等。

金龟中除少数腐食性种类外，大部分为植食性，其成虫和幼虫均能对林木造成危害，且多为杂食性。在国内对农林植物造成为害的，已记录的有30多种，在林业上为害较重的有20余种。蛴螬主要在苗圃及幼林地危害幼苗（树）的根部，除咬食侧根和主根外，还能将根皮剥食净，造成缺苗断条。成虫以取食阔叶树叶居多，有的则取食针叶或花。往往由于个体数量多，可在短期内造成严重为害，果树受害更甚。

金龟生活史一般都很长，多数最少需经过一年才能完成一代，以成虫或幼虫在土中越冬。成虫日出或昼伏夜出，以后者为多，夜出性种类往往具趋光性。通常有假死习性。金龟的发生与土壤因子及植被关系密切。

2.主要代表种：铜绿丽金龟

主要分布：国内分布于黑龙江、辽宁、山西、河北、内蒙古、河南、山东、陕西、安徽、江苏、江西、湖南、湖北、浙江等省（区）；国外分布于朝鲜、日本。危害杨、柳、榆、松、杨、栎、油茶、乌桕、板栗、核桃、柏、枫杨、苹果、沙果、花红、海棠、杜梨、梨、桃、杏、樱桃等多种林木和果树。

形态特征：

成虫：体长15～18毫米，宽8～10毫米。背面铜绿色，有光泽。头部较大，深铜绿色，唇基褐绿色，前缘向上卷。复眼黑色，大而圆。触角9节，黄褐色。前胸背板前缘呈弧状内弯，侧缘和后缘呈弧形外弯，前角锐后角钝，背板为闪光绿色，密布刻点，两侧边缘有一毫米宽的黄边，前缘有膜状缘。鞘翅为黄铜绿色，有光泽，有不甚明显的隆起带，会合处隆起带较明显。胸部膜板黄褐色有细毛。腿节为黄褐色，胫节、跗节为深褐色，前节外侧具2齿，对面生一刺，跗节5节，端部生一对不等人的爪。腹部米黄色，有光泽。臀板三角形，有一三角形黑斑。雌虫腹面乳白色，雄虫腹面棕黄色。

卵：白色，初产时为长椭圆形，长1.94毫米，宽1.4毫米，以后逐渐膨大至近球形，长为2.34毫米，宽为2.16毫米，卵壳表面平滑。

幼虫：中型，3龄幼虫平均头宽4.8毫米，体长30毫米左右，头部暗黄色，近圆形，头部前顶毛每侧各为8根，后顶毛10～14根。前爪大，后爪小。腹部末端两节自背面观，为泥褐色且带有微蓝色。

蛹：椭圆形，长约18毫米，宽约9.5毫米。略扁，土黄色，末端圆平，雌蛹末节腹面平且有一细小的飞鸟形皱纹，雄蛹末节腹面中央有乳头状突起。

生物学特性：

此虫1年发生1代，以3龄幼虫在土中越冬。次年5月开始化蛹，成虫的出现南方略早于北方，一般在6月上旬至7月上旬为高峰期，到8月下旬终止，9月上旬绝迹。成虫高峰期开始见卵，幼虫于8月出现，11月进入越冬期。出土与5、6月降雨量有密切关系，如5、6月雨量充沛，出土较早，盛发期提前。成虫白天隐伏于灌木丛、草皮或表土内，黄昏时分出土活动，活动适宜气温为25度以上。闷热无雨的夜晚活动最盛。

成虫食性杂，食量大，群集为害发生较多的年份，林木果树的叶片常被吃光，尤其对小树幼林为害严重，被害叶呈孔洞缺刻状。

成虫有假死性和强烈的趋光性，对黑光灯尤其敏感，能从远处慕光而来，并在灯下反复短距离起飞，集中在光亮处。

成虫一生交尾多次，平均寿命为30天，产卵多选在果树下5～6厘米深的土壤中或附近农作物根系附近土中，卵散产，每头雌虫平均产卵40粒，卵期10天，在土壤含水量适宜的情况下，孵化率几乎为100%，幼虫主要危害林、果根系和农作物地下部分。

幼虫一般在清晨和黄昏由深处爬到表层，咬食苗木近地面的茎部、主根和侧根。被害严重时，根茎弯曲、枯死，叶子枯黄。

3.防控方法

林业措施：

苗圃地必须使用充分腐熟的厩肥作底肥。

在害虫分布密度较大的宜林地，造林前应先整地，以降低虫口密度。据调查，生活在荒地的金龟子，在土壤含水量为20%左右时虫口密度大，17%以下就很少发生。

苗圃地要及时清除杂草和适时灌水，利用金龟子不耐水淹的特点，适时灌水对幼虫有一定防治效果。

人工捕杀：

当害虫在表土层活动时，适时翻土，随即拾虫。利用成虫的假死习性，在盛发时期人工捕杀成虫。

灯光诱杀：

一些成虫有较强的趋光性，在羽化期利用灯光诱杀。

化学防治：

药剂处理土壤：用土壤杀虫剂，按说明使用。常规农药有辛硫磷、呋喃丹、涕灭威。

药剂拌种：用50%辛硫磷与水和种子按1∶30∶500的比例拌种，可有效防治其幼虫蛴螬，并可兼治金针虫、蝼蛄等多种地下害虫。

防治成虫：发生期喷洒杀螟硫磷、功夫乳油，或敌杀死、氧化乐果、对硫磷乳油，或杀螟硫磷、二嗪农、毒死蜱等。

生物防治：

保留苗和幼林地周围的高大树木，以利食虫鸟类栖息筑巢。

利用细菌杀虫剂防治。

用性引诱诱杀成虫。

（二）地老虎类

1.基本情况

地老虎类属鳞翅目，夜蛾科，切根夜蛾亚科。俗称土蚕、地蚕、切根虫、夜盗虫等。地老虎遍布全国各地，食性很杂。幼虫危害林木、果树以及农作物的幼苗，从地面咬断或咬食幼苗根茎，也咬食植物生长点，影响植株正常发育或导致幼苗枯死。在我国北方，特别是西北地区，它是一类常见的主要地下害虫。目前国内已知地老虎有10余种。

2.主要代表种：小地老虎

主要分布：分布很广，遍及全国各地。其主要危害区为南部长江流域及沿海各省，北部则在地势低洼，常年或季节性积水地区。以幼虫为害苗木，3龄后幼虫夜晚出土活动，将幼苗茎干距地面1～2厘米处咬断，拖入土穴中取食，也爬至苗木上部咬食嫩茎和幼芽，造成缺苗或严重影响幼苗生长。

形态特征：

成虫：体长16～23毫米，翅展40～50毫米。头、胸暗褐色；前翅外线以内多暗褐色，内横线、外横线都为双线黑色，波浪形，环纹黑色，有一灰环，肾形纹黑色，外方有一黑条，剑形纹黑边，翅外缘黑褐色；后翅灰白色；腹部灰色。

卵：半圆球形，直径0.5～0.55毫米，初产卵为黄色，后变暗色。

幼虫：体长37～47毫米，黄褐至暗褐色，背面有明显的淡色纵带，上满布黑色圆形小颗粒；臀板黄褐色，有2条明显的深褐色纵带。

蛹：长约20毫米，赤褐色，有光泽，末端有臀刺2个。

生物学特征：

发生时期依地区及年度不同而异。华北、西北地区1年发生3～4代，长江流域4代，华南地区5～6代。在北京以蛹越冬，长江流域及华南地区以蛹及幼虫越冬。但根据观察，任何分布区均以第1代（越冬代）成虫发生数量为最多，苗木受害最为严重。越冬代成虫，在南方最早于2月出现；全国大部分地区发蛾盛期在3月下至4月上中旬；宁夏、内蒙古地区是4月下旬，华南有些地区从10月到第二年4月都能发生为害，成虫白天隐伏于土缝、枯叶下及草丛等阴暗地方，夜晚活动，19～23时飞翔、取食、交配，以22时前活动最盛。活动程度除风的强度因素外，与温度高低关系极大，气温达4～5℃时即可见到，气温增高至10℃以上的适当范围内，温度越高其活动范围与数量越大。

成虫对普通灯光趋性不强，但对黑光灯有很强的趋性。另外，喜吸食糖、醋等酸甜芳香气味物质。这种习性，为预测发生时间、数量和直接诱杀成虫，提供了可供利用的条件。

幼虫共6龄，少数7～8龄。1～2龄幼虫群集于幼苗顶心嫩叶处昼夜取食为害。3龄以后开始扩散，白天潜伏杂草、幼苗根部附近的表土干、湿层之间，夜出咬断苗茎，尤以黎明前露水多时更烈，把咬断的幼苗嫩茎拖入土穴内供食，当苗木木质化后，则改食嫩芽和叶片，也可把茎干端部咬断。4龄后食量逐渐增大，为害苗木严重，常使苗圃地出现缺苗断行的现象。

小地老虎幼虫性凶暴，行动十分敏捷，当食料缺乏或环境不适宜时，导致幼虫夜间迁移为害。老熟幼虫在受惊时，常蜷缩成团作假死状。老熟化蛹时，在土深约5厘米处筑土室，蛹期约15天。

影响小地老虎发生数量和苗木被害程度的因素虽然很多，但最主要的是土壤湿度。长江流域各省雨量较充沛，常年土壤湿度较大，因而为害较重。北方地区群众多年累积的经验证明：在沿河、沿湖的河川、滩地、内涝区、常年灌溉区发生严重，丘陵旱地很少发生。

苗圃地周围杂草的多少与地老虎的发生也有关系，一般播种前地面杂草少者受害轻，反之则重，这可能与成虫产卵习性有关。了解上述习性和发生规律，对开展虫情测报和防治工作都十分重要。

3.防控方法

加强苗圃管理：及时清除杂草可减少地老虎的为害。

堆草诱杀：在播种前或幼苗出土前，以柔嫩多汁的鲜草配制成毒饵，于傍晚撒布地面，诱杀3龄以上的幼虫。

幼虫盛发时：清晨在被害株周围土内搜杀幼虫或灌水（须淹没圃地），可以杀死幼虫。

铲埂除蛹：地老虎老熟幼虫多在田埂上越冬，在虫口密度较大的田埂上，待其化蛹率达90%时开始铲松田埂表土，可杀死大量蛹。

诱杀成虫：利用黑光灯、糖浆液、杨树枝或性引诱剂等。

捕捉幼虫：对大龄的幼虫，可于每天清晨扒开被害株周围的表土或田埂畦边阳坡表土，进行人工捕杀。

灌水淹杀：在幼虫盛发期，用大水漫灌，可杀死大部分初龄幼虫。

药剂防治：1～2龄幼虫数量达防治指标时，于幼苗上喷药防治。常用药剂有敌百虫、乐果乳油、辛硫磷乳油、溴氰菊酯等。拌种时，由于农药种类较多，应严格按照药物使用说明操作。

（三）蝼蛄类

1.基本情况

蝼蛄类属直翅目，蝼蛄科，俗称土狗子、拉拉蛄。已知约50种，国内分布4种。适于地下生活，前足较大，具坚硬齿，以便挖土。眼退化，产卵管仅余痕迹。全翅种能飞翔，有短翅及无翅种类。卵产于卵室中，卵室入土深浅不一。有些种是为害严重的苗圃害虫。成虫和若虫喜食萌芽的种子、苗根和嫩茎。发生严重时常造成缺苗断垄现象。食性杂，对针叶树（如落叶松、松、杉等）播种苗为害较大，也是多种农作物、烟草、蔬菜苗期的主要地下害虫。我国分布普遍，为害严重的是非洲蝼蛄和华北蝼蛄。

2.主要代表种：非洲蝼蛄

主要分布：分布全国各地，以北方地区发生较重。

形态特征：

成虫：体长30～35毫米，前胸宽6～8毫米，体浅茶褐色，密生细毛。前胸背板卵圆形，中央有一个凹陷明显的暗红色长心形斑，长4～5毫米。前翅超过腹部末端，后足胫节背面内侧有能动的刺3～4个。

卵：椭圆形，长2～2.4毫米，宽1.4～1.6毫米。初产时灰白色，有光泽，后渐变为灰黄褐色，孵化前呈暗褐色或暗紫色。

若虫：初孵若虫乳白色，复眼淡红色。其后，头、胸部及足渐变为暗褐色，腹部呈淡黄米色。2～3龄以后，体色和成虫近似。1龄若虫体长4毫米左右。6龄若虫体长24～28毫米。

生物学特性：

非洲蝼蛄在华北以南地区1年发生1代，在东北则需两年完成1代。在北京地区，以成虫及有翅芽若虫越冬，越冬成虫、若虫于来年4月上旬开始活动。5月是非洲蝼蛄危害盛期，5月中下旬在土中产卵，产卵前在5～10厘米深处筑扁圆形的卵室，一头雌虫可产卵60～80粒。5月下旬到7月上旬是若虫孵化期，以6月中旬孵化最盛。孵化后3天若虫能跳动，并逐渐分散危害。昼伏夜出，以21～23时为取食高峰。秋季天气变冷后，即以成虫及老龄若虫潜至60～120厘米土壤深处越冬。北方多潜在不冻层下越冬。若虫共6龄。有较强的趋光性，嗜食有香、甜味的腐烂有机质，喜马粪及湿润土壤，故有"蝼蛄跑湿不跑干"之说。土壤质地与虫口密度也有一定关系，在盐碱地虫口密度最大，壤土次之，黏土地最少。

蝼蛄一年中的活动情况和土壤温度有密切关系，在北方地区可分成下列六个阶段：

冬季休眠：9月下旬至翌年3月上中旬为越冬阶段。一窝一头，头部向下，犹如僵死状态。

春季苏醒：3月至4月中旬，随气温回升即开始活动。清明节前后，头部扭转向上，进入表土层活动，洞顶有一小堆新鲜虚土，这一特征可以作为调查春季虫口密度的标志。

出窝迁移：4月中旬至5月上旬地面出现大量弯曲虚土隧道。

为害猖獗：5月上旬至6月中旬大量取食，对播种苗造成严重为害阶段。

越夏产卵：6月下旬至8月下旬天气炎热，若虫进入30～40厘米土中越夏。

秋季为害：9月上旬至9月下旬越夏，此时当年新生若虫急需取食，主要对冬麦等造成危害，对林业苗圃一般不能造成很大危害，因苗木已木质化。10月中旬以后，随着气温下降，即陆续入土越冬。

3.防控方法

灯光诱杀：晴朗无风的闷热天气进行。

可在苗圃周围栽植杨、刺槐等防风林，招引益鸟栖息繁殖，以利消灭害虫。

作床（垄）时使用毒土进行预防。

发生期用毒饵诱杀：毒饵的配法为乐果∶水∶饵料＝1∶10∶100。饵料（麦麸、谷糠、稗子等）要煮至半熟或炒香，以增强引诱力。傍晚将毒饵均匀撒在苗床上。

（四）金针虫类

1.基本情况

金针虫，属鞘翅目，叩甲科，又名铁丝虫、黄夹子虫、金齿耙等，因幼虫多为金黄色，形体似针，故通称金针虫。全国分布10多种，对农林为害严重的主要是沟金针虫、细胸金针虫和褐纹金针虫。在土壤中为害松柏、刺槐、青桐、悬铃木、丁香、海棠、山丁子等种子刚发出的芽，或其刚出土幼苗的根和嫩茎，造成成片的缺苗现象。

2.主要代表种：沟金针虫

主要分布：主要发生在长江流域以北地区。河北、山西、山东、河南、陕西、甘肃、青海、内蒙古、辽西、苏北、皖北、鄂北等的平原旱作区。

形态特征：

成虫：栗褐色。雌虫体长14～17毫米，宽约5毫米；雄虫体长14～18毫米，宽约3～5毫米。体扁平，全体被金灰色细毛。头部扁平，头顶呈三角形凹陷，密布刻点；触角近锯齿状，雌虫触角11节，约为前胸长度的2倍，雄虫触角较细长，12节，长及鞘翅末端。雌虫鞘翅长约为前胸长度的4倍，后翅退化；雄虫鞘翅长约为前胸长度的5倍。

卵：近椭圆形，长径0.7毫米，短径0.6毫米，乳白色。

幼虫：初孵时乳白色，头部及尾节淡黄色，体长1.8～2.2毫米。老熟幼虫体长25～30毫米，体形扁平，全体金黄色细毛。头部扁平，口器及前头部暗褐色，上唇前缘呈三齿状突起；由胸背至第8腹节背面正中有一明显的细纵沟，故名沟金针虫；尾节黄褐色，尾端分叉，其内侧各有一小齿。

蛹：长纺锤形，乳白色。雌蛹长16～22毫米，宽约4.5毫米；雄蛹长15～19毫米，宽约3.5毫米。雌蛹触角长及后胸后缘，雄蛹触角长达第8腹节。前胸背板隆起，前缘有一对剑状细刺，后缘角突出部之尖端各有一枚剑状刺，其两侧有小刺列。

生物学特性：

沟金针虫完成一个世代约需二三年以上，以幼虫和成虫在土壤越冬。越冬成虫于2月下旬开始出蛰，3月中旬至4月中旬为活动盛期。成虫白天多潜伏于表土内，夜间交配产卵。雌虫无飞翔能力，每头平均产卵94粒；雄虫善飞，有趋光性。成虫于4月下旬开始死亡，卵于5月上旬开始孵化，卵期平均42天。初孵幼虫体长约2毫米，在食料充足的条件下，当年体长可至15毫米以上；到第三年8月下旬，老熟幼虫多于16～20厘米深的土层内筑土室化蛹，蛹期平均16天。9月中旬开始羽化，当年在原蛹室内越冬。

一般情况下，当3月中旬10～15厘米深土温平均为6.7～8℃时，幼虫开始活动；3月下旬土温达9.2℃时开始为害，4月上中旬土温为15.1～16.6℃时为害最烈。5月上旬土温为11～23.3℃时，幼虫则渐趋13～17厘米深土层栖息；6月间土温升高达24℃以上时，金针虫下移到深土层越夏。9月下旬至10月上旬，土温下降到18℃左右时，幼虫又上升到表土层活动。10月下旬土温持续下降后，幼虫开始下移越冬；11月下旬10厘米深土温平均为1.5℃时，金针虫多在27～33厘米深的土层越冬。

由于沟金针虫雌成虫活动能力弱，一般多在原地交尾产卵，扩散为害受到限制，因此高密度地块一次防治后，在短期内种群密度不易回升。

3.防控方法

处理土壤：常用药剂辛硫磷和甲基异柳磷等均匀撒施地面，随即翻耕，使药剂均匀分散于10～20厘米深的土层里，以使金针虫接触药剂中毒死亡。

药剂拌种：方法参照地老虎、蝼蛄类防控。

为害防治：苗木出土或栽植后如发现金针虫为害，将以上药剂掩入苗株附近的表土内防治。

造林防控：蘸泥浆栽植，泥浆里加入适宜的毒剂蘸根。

其他方法参考金龟子、地老虎、蝼蛄类。

第二节　食叶害虫及防控

一、基本概念

食叶害虫是以叶片为食物的害虫。食叶害虫具咀嚼式口器，生有坚硬的上颚，能咬碎花卉组织，以固体食物为食。这类害虫种类多、数量大，包括蛾、蝶类幼虫和甲虫等。主要危害健康植物，以幼虫取食叶片，常咬成缺口或仅留叶脉，甚至全吃光。少数种群潜入叶内，取食叶肉组织，或在叶面形成虫瘿，如黏虫、叶蜂、松毛虫等。由于多营裸露生活，其数量的消长常受气候与天敌等因素直接制约。这类害虫的真成虫多数不需补充营养，寿命也短，幼虫期成为它主要摄取养分和造成危害的虫期，一旦发生危害则虫口密度大而集中。又因真成虫能做远距离飞迁，故也是这类害虫经常猖獗为害的主因之一。幼虫也有短距离主动迁移危害的能力。

二、危害特点

均为害健康林木，严重时可使林木大片死亡；或削弱树势，为小蠹、天牛等次期性害虫提供适宜的侵害条件，因而常被称为初期性害虫。某些种类大发生常呈现阶段性及间歇性。

阶段性：一般表现为四个阶段。

初始阶段（准备阶段）：食料充足，气候适宜，一般为温暖而较干旱，天敌数量则较少。

增殖阶段：继上述有利条件，虫口已显著增多，林木已显被害征兆，且有局部严重受害现象，受害面积扩大，天敌也相应增多。

猖獗阶段：可以看成一突变过程。虫口大量增殖，突然暴发成灾。相继出现食料缺乏，幼虫被迫迁移造成大量死亡，或提前结茧化蛹。

衰退阶段：是上一阶段的必然继续。由于虫口数量锐减，天敌也因之他迁，或因寄主缺乏而种群数量大减，预示一次大发生过程的基本结束。

周期性：上述阶段性发生过程，往往"重复"出现而呈现一定的周期性。这种周期性出现的间隔期及每一"重复"持续的时间，因虫种及当时的有关因素而异。据国外对某些害虫大发生的研究指出，准备阶段往往经历1年，增殖阶段1～3年，猖獗阶段1～2年，衰退阶段1～2年。每一大发生过程，通常1年1代的其持续期约7年，2年1代的可长达14年，而1年两代者只有3.5年。害虫的大发生，在外界条件有利它充分发挥生殖潜力，得以急剧累积巨大的虫口时，会对林木造成人的灾害，它们的数量是经常因空间及时间的变化而不断变化的。

三、主要害虫防控

（一）枯叶蛾（松毛虫）类

1.基本概况

枯叶蛾属鳞翅目，枯叶蛾科，是一类重要的森林害虫。其中主要是松毛虫，在全国分布广、种类多，每年松林受害面积常达数千万亩，在许多地方暴发成灾，严重时使林木成片枯死，造成巨大的经济损失。松毛虫在我国分布于23个省（区），至今已发现有30多种，其中危害比较严重的有5种，分别是马尾松毛虫、赤松毛虫、云南松毛虫、落叶松毛虫、油松毛虫。

2.主要代表种：油松毛虫

主要分布：分布在华北、山东、辽宁、陕西等地，是油松毁灭性食叶害虫，亦危害樟子松、华山松和白皮松。严重发生时，可将大面积松林针叶吃光，连年受害，造成林木成片枯死。

形态特征：

成虫：雌蛾体长23～30毫米，翅展78毫米，淡灰褐色至褐色，前翅横线不清，亚外缘斑列最后两斑作直线与外缘相交。雄蛾体长20～28毫米，翅展 45～61毫米，淡灰褐色至深褐色，其中深色居多，前翅中横线清楚，亚外缘斑列内侧呈棕色。

卵：椭圆形，长1.75毫米，宽1.36毫米，粉红色。

幼虫：体长54～70毫米，灰黑色，体侧有长毛，花斑明显。头部黄褐色，额区中央有1块深褐斑。胸部2、3节背面有两束深蓝色毒毛丛，各节背面有1对疣状突起，上生蓝黑色毛片束。体两侧密被灰白色绒毛。

蛹：栗褐色或棕褐色，臀基短，末端稍弯曲或卷曲成圆形。雌蛹24～33毫米，雄蛹20～26毫米，茧灰白色或淡褐色，附有黑色毒毛。

生物学特征：

油松毛虫在陕西1年发生1代，10月下旬至11月上旬，以3～4龄幼虫在树干基部的树皮裂缝和树干周围的枯枝落叶层、石块下越冬，多集中在背风向阳面。翌年3月下旬，日平均气温10℃时越冬幼虫上树取食，5月上旬至6月中旬为危害盛期，老熟幼虫于6月下旬多在石缝、杂草及枯枝落叶层中结茧化蛹，蛹期15天。7月中旬开始羽化，8月上中旬为羽化盛期。羽化当天晚上或次日晚上交尾，交尾后即产卵。产卵多在健康林分和林缘通风透光的针叶上。卵期10多天，8月下旬为孵化盛期，孵化持续3～4天，初孵幼虫群集中于卵块附近针叶上，几小时后开始啃食针叶边缘，形成许多缺刻使针叶枯萎。幼虫取食至10月下旬或11月上旬，后进入越冬。

油松毛虫年发生一代，幼虫期长达10个多月，跨两个年度。成虫昼伏夜出，有趋光性。羽化时间以晚20～22时最多。

3.防控方法

油松毛虫防控的基本原则是"有虫不成灾"，先期进行测报，经过评估有可能成灾时才进行防控，预测的主要依据是查越冬幼虫，有虫株率在30%以下，株虫口密度不超过10头，当年不成灾；查蛹茧，在幼虫结茧化蛹盛期，如果株茧率在50%以下，平均每株茧蛹少于10个，雌性不超过40%，下一代不会成灾；查卵块，在产卵盛期，若每株平均有卵块0.3个，每卵块少于150粒，死亡率高达50%左右，当代一般不会成灾。进行测报调查时，要注意不同类型松林，随机抽一定数量样株（不少于20株），并做详细记录，通过分析，提出测报意见和防治措施。松毛虫为周期性猖獗害虫，常常呈间歇性大发生。主要有以下几种防控措施：

加强虫情测报：严密观测，适时开展防治。

加强营林措施：营造混交林，合理密植，封山育林。

生物防治：利用天敌昆虫、病原微生物、食虫鸟类等防治油松毛虫，同时保护招引捕食性天敌。

化学防治：对1万亩以上成片林用飞机防治，主要药剂如高效氯氰菊酯与25%灭幼脲混合水溶液喷雾。对松林高大、地形复杂、郁闭度不小于0.7的成片林可用烟剂防治。在山区和缓坡丘陵及平原地区一般喷粉防治，也可使用辛硫磷乳油、敌百虫乳喷雾防治。

激素药剂防治：应用25%灭幼脲3号防治各龄幼虫。

（二）天蛾类

1.基本概况

天蛾类属鳞翅目，天蛾科，我国记载有130多种，西北地区有30多种，除少数几种为农业害虫外，大多危害各种林木，天蛾类绝大多数为大型蛾类，在西北地区普遍发生，主要危害阔叶树种，是防护林带、城市绿化及果树上的主要害虫。

2.主要代表种：蓝目天蛾

主要分布：在我国分布很广，特别在三北地区普遍发生。西北地区分布于陕西、甘肃、宁夏、青海及新疆北部。主要危害杨、柳科树种，亦危害苹果、桃、杏、梅、樱桃等果树。幼虫取食叶片，大发生时树叶多被吃光，严重影响林木生长。

形态特征：

成虫：体灰褐色，纺锤形，体长26～39毫米，翅展67～94毫米，触角黄褐色，栉齿状。胸部背中央有褐色纵带。前翅基部暗褐色，后翅灰褐色，中央紫红色，有一深蓝色大圆斑，周围有黑圈。

卵：椭圆形，绿色，有光泽，直径1.7毫米。

幼虫：绿色或黄绿色，体长60～90毫米。头淡绿色，头顶尖，两侧各有1黄色条纹。胸部和腹部1～8节两侧各有黄白色斜线纹。

蛹：黑褐色，长33～46毫米。

生物学特征：

蓝目天蛾发生代数在我国随地理位置，从北向南移而逐渐增多。在北京、兰州每年发生2代，西安每年发生3代，在江苏每年可发生4代，均以蛹在地下越冬。在西安越冬蛹于4月中下旬羽化为第一代成虫，第二、第三代成虫分别于7、8月出现。成虫羽化多在晚间进行，蛹壳破裂时有清脆响声，从破壳至展翅50分钟。成虫羽化后，1天后即可交尾，交尾第二天产卵，产卵部位多在叶背面或枝条上。卵散产，有时堆产成串。成虫昼伏夜出，飞行力强，有趋光性。初孵幼虫先吃去卵壳，然后爬向叶背面，头部昂起，呈"乙"字形，能吐丝下垂，取食嫩叶呈缺刻状。4～5龄幼虫取食量最大，可将整枝叶片吃光。老熟幼虫在化蛹前2～3天，体背呈暗红色，爬到地面入土，在土内钻成椭圆形小窝，体渐收缩，静伏不动，1～2天后，即蜕皮化蛹。在沙质土壤中化蛹深度为5.5～11.5厘米，平均8.5厘米。蛹体颜色最初为嫩绿色，后转茶褐色，最后渐为黑褐色。

3.防控方法

营林技术防治：冬季翻土，可在树木周围耙土、锄草或翻地，杀死越冬虫蛹；在幼虫发生时人工捕杀树上的幼虫；幼虫入土后或成虫羽化前，在寄主周围地面喷施50%辛硫磷，以毒杀土中虫蛹。

灯光诱杀：在成虫发生期用黑光灯、频振式杀虫灯等诱杀成虫。

生物防治：幼虫3龄前，可施用苏云金杆菌、白僵菌等，既保护各种天敌，又防止污染环境卫生。

化学防治：3～4龄前的幼虫，可喷施除虫脲、灭幼脲。虫口密度大时，可喷施辛硫磷、溴氰菊酯等。

保护螳螂、胡蜂、茧蜂、益鸟等天敌。

（三）尺蛾类

1.基本情况

尺蛾类属鳞翅目，尺蛾科，是分布很广的林木害虫，主要危害阔叶树种。我国记载有1200余种，西北地区约有80余种。其中有的种类具有连年猖獗发生的特点，在各地相继形成严重灾害，成为林业生产中的主要食叶害虫。

2.主要代表种：国槐尺蛾（吊死鬼、槐尺蠖）

主要分布：分布于西北、华北和江浙一带。主要为害国槐，食料不足时，也能加害刺槐。幼虫取食叶片，发生盛期可将树叶全部吃光。

形态特征：

成虫：体长12～17毫米，翅展30～45毫米。全体褐色，触角丝状，复眼圆形黑褐色。口器发达，黄褐色。前翅有三条明显的横线，在中室外缘上有一黑色小点。

卵：椭圆形，长约0.5～0.65 毫米，一端较平，上有规整的蜂窝状花纹；初产时绿色，孵化前呈灰黑色。

幼虫：长30～40毫米，初孵化时黄褐色，取食后变为绿色，老熟幼虫为紫红色。

蛹：长13～17毫米，宽4.6～6.1毫米，初为绿色，渐变为紫褐色。

生物学特征：

每年发生3～4代，以蛹在土中越冬。羽化时间多在夜间，以每天的16～24时最多。羽化与温、湿度有密切关系，连续降雨能推迟羽化。为夜出性昆虫，白天隐伏于国槐及附近树丛中，遇惊扰时只作短距离飞翔。交尾、产卵和取食均在夜间进行，无明显的趋光性，多在黄昏后进行营养补充。卵产于国槐的枯梢、叶片、叶柄和小枝等处，产卵量很大，在绝食的情况下可平均产卵280粒。卵在树冠上的分布以南面最多。幼虫龄，1～2龄时只取食叶片的表面，留下叶脉；3～4龄后可取食叶片形成缺刻，但食量仍很少；5龄以后的幼虫取食量增大。幼虫有吐丝下垂的习性，常随风力迁移，故有"吊死鬼"之称，老熟幼虫在白天吐丝或直接掉至地面，爬到干基及其周围松土中化蛹，在树冠的东南及南面蛹特别多。越冬蛹有休眠现象。

3.防控方法

营林措施：2～3月结合春季清理林下，7～8月夏季中耕除草消灭蛹。

生物防治：幼虫发生时使用苏云金杆菌粉稀释喷雾。

释放天敌：将草蛉产的卵放2天后待卵色发灰可在林间释放。

捕杀幼虫：幼虫发生期可采取突然振动树体使害虫受惊吓坠落地面捕杀。

化学防治：幼龄幼虫防治是关键。3龄前使用灭幼脲、辛硫磷乳油、溴氰菊酯乳剂等喷雾防治。

（四）舟蛾类

1.基本情况

舟蛾类属鳞翅目，舟蛾科，我国有370种以上，西北地区约有30多种，是危害阔叶树的食叶害虫。主要种类有危害杨柳科树种的杨扇舟蛾。对防护林和城市行道树造成严重危害。

2.主要代表种：杨扇舟蛾

主要分布：分布很广，自黑龙江至福建（中北部）以及江西、湖南、广东北部、云南（昆明）、宁夏、甘肃及沿海各省均有发生。严重为害各种杨树，也为害柳树。

形态特征：

成虫：淡灰褐色，头顶有一块近椭圆形黑斑。前翅灰白色，顶角有一暗褐色扇形斑，斑下方有一个黑色圆点；翅上有灰白色横带4条。后翅灰白色较浅，中央有一条色泽较深的斜线。

卵：扁圆形，初产时橙色，之后呈紫红色，孵化前黑紫色，直径约1毫米。

幼虫：老熟幼虫体长32～38毫米。头部黑褐色，体上有白色细毛，背面灰黄绿色，两侧有灰褐色宽带，腹面灰绿色。

蛹：褐色，尾端尖削，分成两段，体长13～18毫米。茧椭圆形，灰白色。

生物学特征：

年发生代数因地而异。辽宁、甘肃等地1年发生2～3代，宁夏3～4代，陕西4～5代。均以蛹于土中、树皮缝和枯叶卷苞内越冬。成虫昼伏夜出，多栖息于叶背面，趋光性强。一般上半夜交尾，下半夜产卵直至次日晨。雌蛾午夜后产卵于叶背面和嫩枝上，其中，越冬代成虫，卵多产于枝干上，以后各代主要产于叶背面。卵粒平铺整齐呈块状，卵产在叶背面，成块。卵期7～11天左右。幼虫共5龄，幼虫期33～34天左右。初孵幼虫在卵块附近的叶片群集剥食叶肉，2龄后吐丝缀叶成苞，藏匿其间，在苞内啃食叶肉，遇惊后能吐丝下垂随风飘移，3龄后分散取食，逐渐向外扩散为害，严重时可将整株叶片食光。老熟时吐丝缀叶作薄茧化蛹。除越冬蛹外，一般蛹期5～8天，最后1代幼虫老熟后，以薄茧中的蛹在枯叶中、土块下、树皮裂缝、树洞及墙缝等处越冬，其中入土化蛹越冬的，多在土表3～5厘米深处。翌年3、4月间成虫羽化，在傍晚前后羽化最多。成虫每年除第1代幼虫较为整齐外，其余各代世代重叠。

3.防控方法

人工物理防治：越冬（越夏）是人工清理地下落叶或翻耕土壤，以减少越冬蛹的基数，成虫羽化盛期应用杀虫灯（如黑光灯）诱杀等措施降低下一代的虫口密度。组织人力摘除虫苞和卵块，可杀死大量幼虫。也可以利用幼虫受惊后吐丝下垂的习性通过震动树干捕杀下落的幼虫。

生物防治：卵期释放赤眼蜂、大腿蜂、灰椋鸟等天敌，要注意保护利用。

喷药防治：在幼虫3龄期前喷施青虫菌乳剂、阿维菌素、烟参碱乳油等。

（五）毒蛾类

1.基本情况

毒蛾类属鳞翅目，毒蛾科，我国记载的约360种，西北地区据初步统计有30多种，是一类比较严重的森林食叶害虫。毒蛾类不但对农、林植物造成严重危害，对人身健康亦有很大影响。毒蛾幼虫体上的毒毛，在大发生时，毒毛常随风飘扬，能引起人的呼吸道、皮肤和眼睛痛痒发炎，成为局部地区流行性皮炎等病的主要病因。也危害牧草，被家畜误食幼虫，口腔红肿流涎，严重的在舌、牙床、胃等部位有明显的中毒症状，甚至因中毒而死亡。

2.主要代表种：杨（柳）毒蛾

主要分布：杨毒蛾和柳毒蛾在西北各地混合发生。杨毒蛾主要分布于陕西、甘肃、青海、宁夏，危害杨、柳；柳毒蛾主要分布宁夏、新疆、青海，危害杨、柳和槭树。在国内吉林、内蒙古、河北、山东、江苏、辽宁、河南等地亦有发生。

形态特征：

杨毒蛾和柳毒蛾成虫均为白色，有丝绸光泽，胸足的节和跗节有黑白相间的环纹，其主要区别如下。

柳毒蛾：成虫前翅微透明，鳞片窄；触角主干纯白色。老熟幼虫背中央有1条宽的黄、白色纵带（黄色为雄，白色为雌），其两侧为黑色，并有红色毛疣。

杨毒蛾：成虫前翅不透明，鳞片宽；触角主干黑白相间。老熟幼虫背中央有1条暗色纵带，其两侧颜色更深，其上毛疣黑色。

柳毒蛾各虫态形态特征：

成虫：体长11～20毫米，翅展33～55毫米，全体密生白色绒毛，前后翅均呈白色并微带丝质光泽。复眼圆形黑色。足的胫节和跗节，有黑白相间的环纹。

卵：馒头形，直径0.8～1毫米，刚产时为绿色，后渐变为灰褐色；卵粒成块，外覆泡沫状白色胶物。

幼虫：体长28～41毫米。头部黑色，有棕白色毛，额沟为白色纵纹。体背各节有黄色或白色接合的圆形斑11个。体背两侧有黄或白色细纵带各1条，纵带边缘为黑色。胸足黑色。

蛹：体长18～26毫米。腹面黑色，背面4、5节中间有黑褐色突起，体每节侧面均保留着幼虫期毛瘤的痕迹。腹部末端有臀刺1簇。

生物学特征：

杨毒蛾和柳毒蛾在各地年发生1~3代，以初龄幼虫在树皮裂缝中越冬，其发生期各地有所不同。柳毒蛾在乌鲁木齐1年发生2代或3代，以2、3龄幼虫越冬，翌年于4月下旬越冬幼虫开始活动，5月上中旬为越冬代幼虫危害盛期。5月中旬开始化蛹，下旬出现成虫并交尾产卵。6月中下旬和8月上中旬分别为第一、第二代幼虫危害期。8月下旬至9月中下旬进入越冬。

柳毒蛾成虫白天多隐蔽于树干、叶背等处，晚上10点左右开始活动，趋光性很强。交配时主要在夜间，雌蛾只交尾1次，少数雄蛾能交尾2次，历时8~11个小时，交配后2~4小时开始产卵，1~1.5天内分1~3次将卵产完，雄蛾寿命3~6天，雌蛾6~8天。卵产在树干表皮、枝条、叶背等处，形成如泡沫体状白色卵块。

两种毒蛾幼虫习性相似，主要区别为活动时间不同，柳毒蛾白天在树上取食危害，而杨毒蛾幼虫白天下树，潜伏于基干周围落叶层或树皮内，夜晚却上树取食危害。

初龄幼虫于叶背只取食叶肉，有群集性，虫数都在10条左右，触动时能吐丝下垂。3龄后取食整个叶片，分散活动，没有吐丝下垂习性。幼虫共6龄。老熟幼虫吐丝卷叶化蛹，或在树皮裂缝、节疤、残留的叶柄等处吐丝化蛹。蛹期第一代8~10天（5月中下旬），第二代7~8天（7月中旬），第三代7~9天（8月下旬或9月上旬）。

3.防控方法

营林措施：营造混交林，增加林地郁闭度，可阻止害虫扩大蔓延。

人工防治：毒蛾卵块在树干上明显，可用刀或刷刮除，利用初孵幼虫有群聚习性，可将幼虫集中的枝叶剪下销毁。

树干涂药：在春季越冬幼虫上树前，对果园、行道树树干四周涂胶或刷药带，有很好的毒杀作用。

化学防治：主要在3龄以前喷药，常用药剂有甲胺磷、辛硫磷、氧化乐果。

生物制剂：可用苏云金杆菌稀释液喷杀幼虫。

灯光诱杀成虫。

（六）袋蛾类

1.基本情况

袋蛾又叫蓑蛾、避债蛾，属鳞翅目，袋蛾科。已知800余种，我国有100余种。常见有10多种，为害油桐、油茶、茶、樟、杨、柳、榆、桑、槐、栎

（栗）、乌桕、悬铃木、枫杨、木麻黄、扁柏及苹果、梨、桃等林木和果树。幼虫取食树叶、嫩枝皮及幼果。大发生时，几天能将全树叶片食尽，残存秃枝光干，严重影响树木生长及开花结实，使枝条枯萎或整株枯死。

2.主要代表种：大袋蛾

主要分布：大袋蛾又名大蓑蛾、大避债蛾。在我国遍布华北、华中、西南等省（区），西北仅分布于陕西。危害杨、柳、榆、刺槐、泡桐、法桐、核桃、苹果、梨、桃、柑橘等32科65种植物。在陕西以泡桐、法桐受害最重，许多地方树叶被吃光，严重影响林木生长和环境绿化，是常见的主要食叶害虫。

形态特征：

成虫：雌虫体长22～30毫米。足与翅均退化。体软，粗短，乳白色。表皮透明，腹部卵粒在体外可见。腹部第7节有褐色毛丛环。雄虫体长15～20毫米，翅展44毫米。体黑褐色。触角双栉状，栉齿在端部1/3处渐小。

卵：椭圆形，长0.8毫米，宽0.5毫米，黄色。

幼虫：1～2龄黄色，少斑纹，3龄后能区别雌雄。雌性幼虫老熟时体长32～37毫米，头部赤褐色，头顶有环状斑，腹部背面黑褐色，各节表面有皱纹。雄性幼虫体较小，黄褐色，头部蜕裂线及额缝白色。

蛹：雌蛹枣红色，头、胸的附属器均消失。雄蛹赤褐色，1～8腹节背板前缘各有1横列刺突，腹末有臀刺1对，小而弯曲。护囊纺锤形，长52～62毫米，常附有叶片或枝条。雄蛹为被蛹，头、口器及翅透明，雌蛹为围蛹，圆筒形。

生物学特征：

大袋蛾在陕西关中1年发生1代，以老熟幼虫在枝条上的虫袋内越冬。越冬雄虫翌年4月下旬开始化蛹，化蛹盛期为5月上旬，蛹期28天左右。雌虫5月上旬开始化蛹，蛹期20～23天。雌、雄成虫5月底羽化，6月初为羽化盛期。6月中旬进入孵化盛期，此后幼虫一直取食危害，直至10月以老熟幼虫在虫袋内越冬。

雌、雄成虫羽化多在晴朗天气，且多集中在12～18时。卵孵化前由黄色变为暗灰色，在卵的端部侧边可看到小黑点，卵壳透明。幼虫孵化后，吃掉卵壳，停留1～2天后，从虫袋排泄孔群聚而出，吐丝下垂，随风转移。落下后，腹部3～9节呈直角竖立，以胸足迅速爬行，并咬碎枝梗、树叶，开始吐丝结袋，并负袋活动取食。随着幼虫取食、蜕皮、生长，虫袋逐渐加长加宽。老熟幼虫将袋固定在小枝上，袋口用丝封闭，在其内越冬。

3.防治方法

营林措施：结合修剪，人工摘除虫袋，秋、冬季进行。

开展苗木检疫。

化学防治：掌握幼虫孵化期，在3龄以前使用高效氯氰菊酯或阿维菌等喷雾，也可在树干基部打孔注射久效磷乳油原液。

生物防治：保护、引诱和释放天敌，如鸟类、寄生蜂、致病菌等。

（七）灯蛾类

1.基本情况

灯蛾是鳞翅目，灯蛾科的通称，别称飞蛾、扑灯蛾。全世界有4000余种，多分布于热带和亚热带地区，绝大多数幼虫为多食性。灯蛾为农作物的害虫，常见的两种，近日污灯蛾和美国白蛾，其中美国白蛾是重要的植物检疫对象。

2.主要代表种：美国白蛾

主要分布：美国白蛾又名秋幕毛虫，原产北美，广布于美国、加拿大、墨西哥。1940年第二次世界大战期间，从北美传入欧洲。1945年传入亚洲的日本、韩国和朝鲜。现已分布到三大洲。1978年8月，我国发现美国白蛾在辽宁丹东市已造成严重灾害，并以此为中心，向周围扩散蔓延。1984年在陕西武功县暴发成灾，严重发生区泡桐、法桐、核桃等阔叶树叶片全部被吃光。该虫食性很杂，主要危害阔叶树种。在美国纽约和华盛顿寄主植物120余种，欧洲234种，日本317种。在辽宁发现寄主94种，陕西危害寄主30余种。主要危害泡桐、法桐、核桃、桑、榆、臭椿、杨树、糖槭、苦楝等，一般不危害针叶树。

形态特征：

成虫：体白色，体长9～12毫米，翅展30毫米左右。雄蛾触角双栉齿状，雌蛾锯齿状。复眼大而突出，黑色。前足基节及腿节端部橘红色，节端有1对短齿，后足节仅1对端距。前翅一般白色，一般越冬代雄蛾翅上黑斑多，大而明显，无黑斑者少；雌蛾翅上一般无黑斑。

卵：球形，直径0.4～0.5毫米，初产时浅黄绿色或灰绿色，孵化前灰褐色，有光泽。卵聚产，卵粒排列整齐成块状，其上覆有雌蛾体毛，卵面有刻纹。

幼虫：分为红头型和黑头型两种，陕西发生的美国白蛾属黑头型，体长28～35毫米。幼虫头部黑色，头冠缝和额缝色浅而明显，一般体背色深而体侧及腹面色淡；背部毛黑色，其上着生黑色和白色刚毛，腹足趾钩为单序异形中列式，中部趾钩长。美国白蛾幼虫随龄期增大形态变化较大。

蛹：纺锤形，长8～15毫米，宽3～5毫米，初化蛹淡黄色，有光泽，后变为橙色、褐色、暗红褐色。头、前胸和腹背有密而浅的刻点。

美国白蛾是世界性检疫害虫，为防止该虫传播，正确鉴定成虫尤为重要。美国白蛾属鳞翅目，灯蛾科，在陕西常见与美国白蛾相似的灯蛾成虫有4种，主要区别是美国白蛾前足胫节端有1对短齿，腹背纯白色，其他几种不是这种情况。

生物学特征：

美国白蛾在陕西1年发生2代，少数有不完全的第3代。以蛹在墙缝、浅土层内、枯枝落叶层等处越冬。翌年4月初至5月底越冬蛹羽化为成虫，4月中旬到6月上旬为卵期，4月下旬到7月上旬为幼虫期，6月上旬到7月下旬为蛹期。第一代成虫6月中旬至8月上旬出现，盛期7月中下旬；第二代成虫8月下旬至9月下旬零星出现。第二代幼虫于8月上旬开始下树化蛹，绝大多数以蛹越冬，少数羽化为第3代成虫。

成虫有一定趋光性，由于雌蛾腹大飞行弱，灯下诱杀以雄蛾居多。成虫多在凌晨开始交尾，历时15小时左右，多为1次性交配。交尾后1～2小时即可产卵，一般每头雌蛾产1个卵块，产卵历时3天左右。成虫产卵对树种有选择性，嗜食树种 （如泡桐、法桐、核桃、桑等）产卵最多。同一株树，以树冠下部最多。成虫寿命雌蛾6～8天，雄蛾4～6天。

3.防控方法

可查阅美国白蛾防治技术方案。

（八）刺蛾类

1.基本情况

刺蛾是鳞翅目，刺蛾科的通称。世界记载有1000种，中国记录约90种。由于这类幼虫体上有枝刺和毒毛，触及皮肤立即发生红肿，疼痛异常，俗称"痒辣子""火辣子"或"刺毛虫"。刺蛾幼虫大多取食阔叶树叶，少数为害竹竿和水稻，是森林、园林、行道树、果园和多种经济植物的常见害虫。

2.主要代表种类：黄刺蛾

主要分布：黄刺蛾，幼虫俗称痒辣子。分布在黑龙江、吉林、辽宁、内蒙古、青海、陕西、山西、北京、河北、河南、山东、安徽、江苏、上海、浙江、江西、福建、台湾等地。危害杨、柳、榆、枣、桑、核桃、梧桐、法桐、油桐、苹果、桃、梨、杏等，以幼虫啃食植物叶片，被害叶成网状，严重时可将叶片吃光，仅留枝梢。是园林绿化、农田防护林、特种经济林及果树的重要害虫。

形态特征：

成虫：雌蛾体长15～17毫米，翅展35～39毫米；雄蛾体长13～15毫米，翅展30～32毫米。体橙黄色，触角丝状、棕褐色。前翅黄褐色，内半部黄色，外半部褐色，两条暗褐色斜线，在翅尖上汇合于一点，呈倒"V"字形，内面一条伸到中室下角，为黄色与褐色的分界线，横脉纹为一暗色点。后翅灰黄色。足褐色，基节、腿节赤色。

卵：扁平，椭圆形，淡黄色，长约1.4毫米，宽0.9毫米。

幼虫：老熟幼虫体长16～25毫米，略呈长方形，前端略大，体色鲜艳，基色为黄绿色。头部黑褐色，常缩在前胸之下。体背有一个紫褐色大斑，此斑前后两端宽，中部狭，外缘往往带蓝色。体两侧下方有9对刺突，刺突上生有毒毛。足退化，具吸盘。

茧：椭圆形，长11.5～14.5毫米，灰白色，质坚硬具黑褐色纵条纹，形似雀蛋。

生物学特征：

在陕西1年发生1代。老熟幼虫在树上结茧越冬。翌年5、6月间化蛹，成虫于6月出现。羽化多在傍晚，以15～20时为盛，白天静伏在背面，夜间活动，有趋光性。成虫羽化后即交尾产卵，产卵于树叶近末端处背面，散产或数粒在一起，每一个雌蛾的产卵量为49～67粒。成虫寿命4～7天，卵经5～6天孵化，初孵幼虫取食卵壳，然后食叶，仅取食叶的下表皮和叶肉组织，留下上表皮，呈圆形透明的小斑，约经1天后为害的小斑连接成块。进入4龄时取食叶片呈洞孔状，5龄后可吃光整叶，仅留主脉和叶柄。幼虫体上的毒毛，皮肤触及后引起剧烈疼痛或奇痒。7月老熟幼虫先吐丝缠绕树枝上，后吐丝和分泌黏液营茧，开始时透明，随即凝成硬茧，茧一般多在树枝分权处，羽化时破茧壳顶端小圆盖而出，出口呈圆形。其他刺蛾亦类似。新一代的幼虫于8月下旬以后大量出现，秋后在树上结茧越冬。

3.防控方法

摘除虫茧：冬季落叶后，彻底清除或刺破越冬虫茧，并清除在果园周围防护林上的虫茧。

夏季结合夏剪等农事操作，人工捕杀幼虫。

保护天敌：如黑小蜂、姬蜂、螳螂等。

幼虫发生初期，可喷施布辛硫磷、灭幼脲等。

（九）潜蛾类

1.基本情况

潜蛾属鳞翅目，潜叶蛾科（又名橘潜蛾科）。已知50余种，为害杨、柳等植物。该虫以幼虫潜入嫩梢表面下蛀画，形成白色弯曲虫道，又名绘图虫、鬼画符，是一种重要的林木害虫。以幼虫啃食叶片，常发生在苗圃中。是为害幼苗、嫩梢、叶片最严重的害虫。夏梢受害重，春梢基本不受害。

2.主要代表种：杨白潜叶蛾

主要分布：西北、东北、华北等多有分布。为害毛白杨、加拿大杨、小青杨、小叶杨、箭杆杨及北京杨等多种杨树。是杨树幼苗、小树较严重的害虫。幼虫在表皮下潜食叶肉，形成黑色虫斑，严重时使整株叶片枯萎，早期脱落。

形态特征：

成虫：体长4毫米，翅展8～10毫米，体银白色，头部白色，触角丝状，银灰色。前翅银白色，有一小簇黑色鳞片束，很像孔雀翎。

卵：白色，扁圆形，长约0.3毫米。

幼虫：乳白色，头部扁平，足不发达。

蛹：梭形，浅黄色，长约3毫米，藏于白色"H"形茧中。

生物学特征：

1年发生3～4代，在树干皮缝内、落叶上作"H"字形白茧，以蛹越冬。各代成虫的出现期分别为4月中旬至5月下旬、5月下旬至6月中旬、7月、8月。成虫有趋光性，产卵在叶片正面贴近主脉或侧脉，通常5～7粒排列成行，每头雌虫产卵49粒左右。幼虫孵化后，从卵壳底面（与叶正面表皮接触处）咬孔潜入叶片组织内取食叶肉，一张叶片常有幼虫10多条。被害处形成深褐色虫斑，最后破裂，幼虫老熟后钻出隧道在叶片或枝干上吐丝结白色薄茧化蛹。最后1代老熟幼虫，于10月左右多在树皮缝内结茧过冬。

3.防控方法

秋季和春季，在苗圃、幼林内大量清扫落叶，可显著减少越冬茧数量。大树干涂白防治树皮下越冬蛹。

成虫发生期，及时网捕成虫。

幼虫危害期或成虫活动期，叶面喷洒乐果乳剂、马拉硫磷、溴氰菊酯、杀螟松乳油等。

成虫羽化期，可用灯光诱杀。

（十）卷蛾类

1.基本情况

卷蛾属鳞翅目，卷蛾科的通称。前翅约呈长四边形，各脉彼此分离的小蛾类昆虫。全世界已知约3500种，中国已知约200种。因在幼虫时期往往卷叶为害而得名。实际上，除卷叶为害以外，这一类昆虫有的在树皮下蛀食坑道，有的蛀梢，也有的为害植物的花、果实、种子和根。

2.主要代表种：松针小卷蛾（松叶小卷蛾）

主要分布：分布于我国华北、西北及辽宁，为害油松。幼龄幼虫钻入针叶内取食，老龄幼虫爬出吐丝缀叶，吃掉靠近针叶内侧的皮层及叶内组织，仅留外侧一面皮层，使针叶变黄、枯萎脱落。

形态特征：

成虫：体长5.5～6毫米，触角丝状，全体灰褐色。前翅亦灰褐色，密覆鳞片，有深褐色基斑、中带和端纹，但界限不太清楚，肛上纹里有6条黑短纹，前缘白色，钩状纹清楚，后翅淡灰褐色，无花纹。

卵：初产时为白色，孵化前为灰白色，呈不规则的长椭圆形。

幼虫：老熟幼虫体长8～10毫米，黄绿色，头部浅褐色，前胸背板暗褐色，肛上板黄褐色，无臀栉。

蛹：长5～6毫米，浅褐色，腹端具有数根细毛。

生物学特征：

在陕西1年发生1代，以老熟幼虫在地表枯枝落叶内结茧越冬。翌年3月底4月初化蛹，蛹期13～28天，平均20天。成虫于4月初羽化，可延至5月中旬。成虫趋光性不强，白天栖息于树冠叶丛内不动，以太阳落山前活动最盛，常围绕树冠群集飞翔，尤其在林缘或稀疏的林木上最多。喜吸食蚜虫蜜露。雌虫产卵26～67粒，散产，多产在针叶基部，有蜜露的叶丛产卵较多，卵期3～7天，平均5天。幼虫孵化后，寻找头年生的针叶由顶端侵入，侵入后，为害叶组织，在正常情况下很少转移。9月初咬孔爬出，一般在新生针叶丛的顶端吐丝，将几枚针叶缀成叶卷，先在一个针叶内钻蛀取食，然后将叶卷的针叶内侧蛀空，但叶卷外表完整。导致原针叶逐渐枯萎，有的脱落。11月底幼虫老熟后，吐丝下垂，在地面吐丝将杂草、土粒或碎叶等连缀成茧越冬，以地面土质疏松、有浮土及枯草碎叶的地方最多。茧长7～8毫米，为土灰色，长椭圆形。

3.防控方法

加强营林措施，采取密植或针阔混交等办法，加速林木生长和郁闭，以减少成虫活动。

幼虫卷叶危害时期，喷辛硫磷等。

清晨温度较低露水未干时，利用成虫有较强的假死习性，组织人力振动树冠将落地成虫收集消灭。

（十一）蝶类

1.基本情况

蝶类是鳞翅目，锤角亚目的一类昆虫，俗名蝴蝶。全世界大约有14000余种，大部分分布在美洲，尤其在亚马孙河流域品种最多，在世界上除了南北极寒冷地带以外，蝴蝶在其他地区都有分布。中国已知有2300多种。蝴蝶一般色彩鲜艳，翅膀和身体有各种花斑，头部有一对棒状或锤状触角。有些种类是林木和农作物的主要害虫，发生严重时可将叶片食光。

2.主要代表种：柑橘凤蝶（花椒凤蝶）

主要分布：分布于陕西、黑龙江、吉林、辽宁、河北、山东、湖北、湖南、四川、江苏、浙江、台湾、福建、广东等地。主要危害花椒、柑橘、黄波椤、吴茱萸等。

形态特征：

成虫：体长18～30毫米，翅展66～120毫米。体黄绿色，背面有黑色的直条纹，腹面和两侧也有同样的条纹，翅黄绿色或黄色，翅脉两侧黑色，外缘有黑色宽带，带的中间前翅有8个黄绿色新月斑，臀角有橙色圆斑。前翅中室有4条黑色纵线，后翅外缘有6个黄绿色新月斑。

卵：圆球形，略扁，直径约1毫米，初产为淡黄白色，孵化前淡紫到黑色。

幼虫：体长35～45毫米，绿色。胸节背面有1对橙黄色翻缩腺，长5～8毫米，下端连在一起，顶端分成2枝。后胸前缘有1齿状蛇眼线纹，中间有黑紫色的斑点，两侧为黑色，形似眼球，左右两纹相连成马蹄形。初龄幼虫黑褐色，头尾黄白，老龄幼虫全体绿色，侧面有3条蓝黑色斜带，后胸两侧有眼状斑，中间有2对马蹄形纹。

蛹：纺锤形，前端有2个尖角。长28～32毫米，宽8～10毫米。有淡绿、黄白、暗褐等多种颜色。

生物学特征：

在陕西1年发生2～3代，以蛹越冬。各代之间有重叠现象。3月底成虫羽化，第一代幼虫5月底老熟化蛹。成虫白天活动，吸食花蜜，交配后当日或隔日产卵，卵散产于嫩芽、叶或枝梢，以上午9～11时产卵最多，产卵后15～20天孵出幼虫。幼虫孵化后，先食卵壳，再取食嫩叶边缘。幼虫昼伏夜出活动、取食，先吃嫩叶幼芽，后吃老叶；先危害枝梢上部，然后再吃树冠下部。幼虫受惊时，即从第一胸节背面伸出翻缩腺，放出恶臭味，以御外敌。幼虫老熟后，在寄主枝干或叶柄上化蛹，化蛹前，幼虫尾部先固定，再作1丝环绕腹部第二、第三节之间，身体斜立于树枝上，经2～4天即化蛹。夏季和秋初作的蛹，经过20天左右羽化为成虫，产卵、孵化为幼虫继续危害。秋末和冬初幼虫在树枝上化蛹越冬。

3.防控方法

冬季清除越冬蛹，5～10月间人工摘除卵，捕杀幼虫。

保护蛹期寄生蜂。胡蜂（就是常见的马蜂）是它的天敌，如果不捅附近的马蜂窝，蝴蝶害虫不会成灾。

幼虫大量发生时，采用化学防治，使用药剂如溴氰菊酯、氯氰菊酯、功夫等。

（十二）叶甲类

1.基本情况

叶甲类通称"金花虫"，属鞘翅目，叶甲科，约有50000种，我国有记录的2000余种，绝大多数为害虫，多数为食叶害虫，危害阔叶树种。幼虫期和成虫期均能大量取食，其食性专一，危害严重时，树叶全部吃光，造成枯梢甚至整株死亡。

2.主要代表种：白杨叶甲

主要分布：分布黑龙江、吉林、辽宁、内蒙古、山西、河北、山东、河南、陕西、宁夏、四川、贵州、湖南、湖北等地。是危害杨、柳的主要食叶害虫之一。成虫啃食嫩梢幼芽，幼虫蚕食叶缘使其呈缺刻状。杨树叶被成虫或幼虫危害后，叶及嫩尖分泌油状黏性物，后渐变黑而干枯，影响其生长和发育。

形态特征：

成虫：雌虫体长12～15毫米，宽约8～9毫米；雄虫体长10～11毫米，宽约6～7毫米。椭圆形，体蓝黑色，具金属光泽，鞘翅橙红或橙褐色。触角短，11节。前胸背板蓝紫色具金属光泽，两侧各有1纵沟，纵沟之间较平滑，其两侧有粗大的刻点。小盾片蓝黑色，三角心形。鞘翅比前胸宽，密布刻点，沿外缘有纵隆线。

卵：长椭圆形，长约2毫米，宽0.8毫米。初产时为淡黄色，后渐变深，至孵化以前为橙黄色或黄褐色。

幼虫：初孵幼虫黄色，不久变为灰色或黑色。2龄时呈黑褐色，3龄幼虫体变为白色。老熟幼虫体长15～17毫米。体带有橘黄色光泽。头部黑色，前胸背板有"W"字形黑纹，其他各节背面有黑点2列，2、3节两侧各具1个黑色刺状突起。受惊时突起中溢出乳白色液体，有恶臭。

蛹：初为白色，后渐变深，近羽化时为橙黄色。蛹背有成列黑点。雄蛹长9～10毫米，雌蛹长12～14毫米。蛹体末端留于蜕皮内，借幼虫臀足紧附于寄主嫩梢及叶片背面。

生物学特征：

陕西1年发生2代。以成虫在落叶层下及浅土层中越冬。来年4～5月间寄主发芽后开始活动，取食进行补充营养并产卵。成虫产卵于叶背或嫩枝叶柄处，竖立排列成块。卵期4～9天。幼虫危害到6月上旬化蛹，6月中旬羽化为成虫；8～9月出现第2代成虫，10月以后下树越冬。幼虫4龄，1～2龄群集危害，被害叶呈网状；3龄后分散危害，蚕食叶缘呈缺刻状，严重时可食尽叶片，仅剩叶脉。

3.防控方法

冬、春季清除落叶，破坏越冬场所。

于早春越冬成虫上树时，利用其假死性振落捕杀。

成、幼虫危害期可喷洒辛硫磷、氰戊菊酯进行防治。

郁闭度较大林分可施用杀虫烟雾剂防治。

（十三）叶蜂类

1.主要情况

叶蜂属膜翅目，叶蜂总科，已知5000种以上，分隶250多属，5亚科。全世界分布，中国已知336种，为害林木的有32种。多数为害较轻，不同种食性区别较大，食叶害虫危害较重的有十多种。一般情况下几种叶蜂混合发生。

2.主要代表种：松黄叶蜂（新松叶蜂、松锈叶蜂、松黄锯蜂）

主要分布：国内已知分布在陕西、辽宁、江西、河北等地。在国外分布也较广。主要为害油松、马尾松、红松、云南松、华山松、黑松等，在陕西为害严重，主要发生在人工或天然油松的幼、中龄林。在大发生时可将整树针叶食光，通常仅食向阳面针叶。

形态特征：

成虫：体长7～11毫米，翅展15～22毫米，雌虫体粗壮。全身黄褐色或锈红色，中胸盾片后缘及凹陷背板后缘黑色，足与体色相同，基节、转节与胫节基部色较淡。翅透明，稍带黄色阴影，翅脉黄褐色。头部较宽，触角23节，基部两节黄褐色，第3节以下呈锯齿状，渐向末端尖细。雄虫体较瘦小，通体黑色而具光泽，足基节、转节黑褐色，腿节、胫节与跗节黄褐色。后翅顶端淡灰黑色阴影宽大。触角26节，第2节至末端第3节呈双栉齿状，内栉短，外栉长。

卵：船底形，长1.8毫米，白色，后呈紫色。

幼虫：初龄头为白色，胴部淡黄绿色。老熟时体长20～25毫米，头部深黑色，有光泽。胴部绿色至墨绿色，背线狭，近白色。两侧有暗色纵纹各3条。体壁多褶皱。

蛹：淡黄色，长约10～12毫米，触角达前足基节，前翅达后足基节。

茧：丝质，圆筒形，灰褐色，略带光泽。

生物学特征：

我国北方1年发生1代，以卵在当年针叶内越冬。4月上中旬幼虫孵化。5月上中旬危害盛期，5月末6月初幼虫老熟结茧，9月初化蛹，9月末10月初成虫羽化产卵，开始越冬。幼虫初不食不动，约7天后开始爬行觅食，群集性取食，先至针叶顶端稍下处啃食周围而残存中部。3龄以后则食量大增，能取食整个针叶，当全株针叶被吃光时，常成群迁移危害。幼虫如遇惊扰即将尾部翘起，并口吐黄绿色液体以示警戒。幼虫老熟后主要分散在树冠垂直投影下的枯枝落叶层或树干皮缝中结茧化蛹，其中向阳面的地被物中结茧量最多。幼虫在茧中生活60～70天进入前蛹期，后经25～30天化蛹。成虫羽化在茧内停留4～5天破茧出来，且多在18～22时。出茧后须停息至第二天上午，才飞翔活动。白天飞翔于树冠上，行动迅速，遇树梢立即进入叶丛，不易发现，求偶时，数只雄虫围1只雌虫，迂回飞舞，极为活跃。一次交尾约20～30分钟分离，随即雌蜂飞舞树冠，寻针叶产卵。卵多产于树冠阳面枝梢顶端的针叶中。卵成排，一个针叶上一般有卵5～23粒。雌蜂寿命4～7天，雄蜂寿命2～6天。

3.防控方法

营林措施：营造混交林，加强抚育，增强树势，减少为害。

人工捕杀：在幼龄林分可利用幼龄幼虫的群集性，于4～5月进行人工捕杀。

要保护和利用天敌。

药剂防治：4月末5月初喷洒敌百虫、菊酯乳油、苏云金杆菌液等，毒杀幼虫。在郁闭度较大的林分内，用烟剂熏杀幼虫。

第三节　枝梢害虫及防控

一、基本概念

枝梢害虫指危害林木枝梢及幼茎的一些种类。根据其取食习性及被害情况可分为两大类：一类为咀嚼式口器害虫，如螟蛾、透翅蛾、麦蛾等，钻蛀和啃食枝梢、嫩茎、幼芽；另一类为刺吸式口器害虫，如蚧虫、蚜虫、叶蝉、木虱、网蝽等，被害后造成嫩梢干枯、叶片卷曲，甚至整株死亡。

本节主要是一些刺吸类害虫，对于一些钻蛀性枝梢害虫可参照蛀干害虫及防控。

二、危害特点

点状发生，片状扩散，虫口密集，繁殖迅速。

影响主梢生长和主干的形成，造成主干扭曲或顶芽丛生。

有部分种类传播病毒，危害大，防治难。

三、主要害虫防控

（一）蚧类

1.基本情况

属同翅目，蚧总科，类俗称"介壳虫"，我国约600种，由于它们体外常分泌一层蜡质介壳或后期体硬化成壳，故名介壳虫。此类害虫是林业上的重要害虫，树木的主干、枝、叶及果实，均有介壳虫危害，也有危害地下部分的。这类害虫对林木常年危害，将刺吸式口器插入植物组织内，刺吸树木汁液，使植物组织褪色、死亡，虽然虫体很小，但数量多，繁殖力高，常常造成整株或成片林木枯死，许多种类能造成毁灭性灾害。

2.主要代表种：草履蚧

主要分布：分布于河南、河北、山东、山西、陕西、江西、江苏等地。为害柿、梨、苹果、桃、杏、柑橘、荔枝及泡桐等多种果树林木。

形态特征：

虫：雌虫无翅，体长10毫米，扁平椭圆形，浅灰褐色，被有白色的蜡质粉，腹部有横皱褶和纵沟，似草鞋状。雄虫具翅1对，黑色。体紫红色，体长5～6毫米，翅展10毫米。

卵：椭圆形，初产时黄白色，渐呈黄赤色。

若虫：外形与雌虫相似，但较小。

雄蛹：圆筒形，褐色，外被白色绵状物。

生物学特征：

每年发生1代，以卵越冬。来年2月初若虫开始孵化，随着气温升高，陆续出土上树，爬至嫩枝幼芽处吸食汁液，身上分泌蜡质物。第2次蜕皮后，雄若虫不再取食，伏于树皮缝隙或土缝、杂草等处分泌大量蜡丝缠绕化蛹，蛹期10天左右。4月底5月初羽化，与雌虫交配。5月中下旬雌虫开始下树钻入树干周围石块下、土缝等处，分泌白色绵状卵囊产卵，每雌可产卵40～60粒，多者可达120粒，以卵越夏过冬。

3.防控方法

早春若虫上树前，在树干基部涂宽约30厘米的黏虫胶环，阻杀上树若虫，及时清除虫尸。

结合冬季清园，挖除树干周围地下的卵囊，消灭过冬卵。

化学防治：喷施具有超强内吸和渗透作用的药剂，如"蚧必治"。也可采用在树干中上部打孔注射"树体杀虫剂"，防治彻底。

生物防治：保护和利用天敌进行防治。

加强植物检疫。

（二）蚜虫类

1.基本情况

蚜虫属同翅目，蚜总科，已记载3600多种，中国约600种以上。主要分布于温带地区，尤以北温带居多，绝大多数是农林害虫。蚜虫危害后，常引起枝叶变色、卷缩或形成虫瘿，影响林木生长。蚜虫分泌大量蜜露，污染叶面，诱发烟霉病的发生，使叶片变黑，有的种是植物病毒的重要传播媒介。

2.主要代表种：松大蚜

主要分布：东北、西北、华北及华南等地均有分布。危害油松、马尾松、樟子松等，吸食1～2年的嫩梢或幼树的干部，影响林木生长，严重时枝梢呈枯萎状态，受害部分的松针上常有松脂块，后期被害树皮的表面留有1层黑色分泌物。

形态特征：

成虫：触角刚毛状，6节，第三节最长；复眼黑色，突出于头侧。有翅型成虫雌体长2.8～3.0毫米，通体黑褐色，有黑色刚毛，足上尤多，腹部末端稍尖，翅透明，前翅前缘黑褐色。雄性成虫与胎生无翅型成虫极相似，仅体型略小，腹部稍尖。无翅型成虫均属雌性，体较有翅型成虫粗壮，腹部末端圆，腹部散生黑色颗粒状物，腹部被有白蜡质粉。

卵：初生为深绿色，后变为黑色。

若虫：有卵生若虫和胎生若虫两种，它们的形态多相似于无翅雌蚜，只是体形较小，新孵化若虫淡棕褐色，全为软腹，喙细长，相当于体长的1.3倍。

生物学特征：

一年多代，以卵在松针上越冬，翌年4月下旬至5月中旬卵孵化为若虫，5月中旬出现无翅型成虫，全为雌性。1头干母蚜能胎生30多头若虫，若虫长成后继续胎生，5月出现有翅蚜，又行迁飞繁殖，从5月中旬至10月上旬期间，可以同时看到成虫和各龄期若虫。10月中旬出现性蚜，交尾后产卵，以卵越冬。卵常10多粒排列产在针叶上，最多22粒排列成行。

3.防控方法

防治关键是第1代危害前期，繁殖快，成灾的风险很大。

冬季剪除着卵叶，集中烧毁，消灭虫源。

保护和利用天敌：天敌有七星瓢虫、异瓢虫、二星瓢虫、四星瓢虫和十三星瓢虫。

春季，刮去老皮在树干上涂5～10厘米宽的药环。

危害期：喷洒乐果、氰戊菊酯乳油、久效磷乳油等。也可以在树干基部打孔注射药剂。

（三）蝉类

1.基本情况

蝉类属同翅目，蝉科、叶蝉科、蜡蝉科、沫蝉科等的统称，已知有25900余种，多数对农林有害，危害较重的有10多种，常见的如炸蝉、大青叶蝉、榆叶蝉、斑衣蜡蝉等。对林木危害主要通过成虫刺破枝条皮层及木质部，并在其内产卵，破坏了养分和水分的输导，致使枝条干枯死亡，有些种类的若虫在土壤中吸取树根汁液引起果树落花、落果，产量降低。

2.主要代表种：蚱蝉

主要分布：蚱蝉俗称"知了"，寄主较多，分布广。分布于华北、华东、华南、西南、西北等大部分地区，已知寄主达144种，其中危害严重的有杨、柳、榆、法桐、苹果、桃、梨等。

形态特征：

成虫：体长38～48毫米，翅展116～125毫米。体黑色，有光泽，密生淡黄色绒毛，复眼和触角间斑纹黄褐色。中胸背板宽大，中央有黄褐色"X"形隆起。前、后翅透明，基部烟黑色。足黑色，有不规则黄褐斑。

卵：乳白色，长形微弯，一端圆钩，一端较尖削。长2.5～3.7毫米，宽0.5～0.9毫米。

若虫：共有4龄，老熟若虫，体长24.7～38.6毫米，棕褐色。头冠触角前区红棕色，密生黄褐色绒毛，头部有1黄褐色"人"字形纹。前胸背板有倒"M"形黑褐色斑。

生物学特征：

蚱蝉在陕西关中5年1代，以卵和若虫分别在被害枝条木质部和土壤中越冬。老熟若虫6月底至7月初开始出土羽化，7月中旬至8月中旬达盛期。成虫于7月中旬开始产卵，7月下旬至8月中旬为盛期，9月中下旬产卵结束，若虫孵化后即落地入土，11月上旬越冬。老熟若虫出土前，先掘出土洞，大多集中在晚9～10时爬出洞外，寻找合适羽化场所，羽化完成历时1.5～3小时。成虫出壳后，虫体及翅颜色逐渐变深，次日6时左右爬向树冠上部。成虫羽化后，不断刺吸树液补充营养，可多次交尾。交尾后即开始产卵，产卵时先用产卵器刺破枝条木质部至髓心，并在其内产卵，成虫从羽化到产卵，需15～20天。

成虫具群居性和群迁性。在羽化盛期晚上多群集大树上，上午成群由大树向小树转移，傍晚又成群在大树集中。成虫飞翔力强，飞时常带叫声。成虫寿命45～60天。雄成虫鸣叫是该种的突出特点，尤其盛夏季节，整天鸣叫。

卵孵化后若虫即吐丝落地钻入土中，并逐渐向树木根系处活动，吸取树木根系养分。若虫从孵化到老熟出土羽化，跨6个年度。被害根部皮层变黑、腐烂，若虫期在土内取食、发育、蜕皮和越冬。

3.防控方法

人工防治：结合冬季修枝，剪除产卵枝条，集中烧毁。成虫羽化期在林内和杂草上捕捉成虫。

在老熟若虫出土前或在卵孵化前1～2天或初期，用土壤杀虫药撒施地面。

在成虫羽化期、产卵期用啶虫脒、吡虫啉等喷雾即可。

（四）木虱类

1.基本情况

木虱类属同翅目，木虱科，已知有1300种，约有蚜虫大小，外表很像微小的蝉。被害叶片卷曲皱缩，发黄以至枯萎，严重时可使树木枯死。

2.主要代表种类：沙枣木虱

主要分布：沙枣木虱俗称"瞎撞""瞎碰"，分布于陕西、内蒙古、甘肃、宁夏、青海、新疆等地。主要危害沙枣、杨、柳、枣、苹果、桃、杏、梨和葡萄等林木和果树。

形态特征：

成虫：体长2.6～3.1毫米，初羽化时体为淡绿色，后期呈橙斑黄色。触角黄褐色，末端为黑色；复眼赤褐色，突出。单眼橙红色。胸背橙褐色，夹杂着对称的斑纹。

卵：无色，半透明，纺锤形，附有短丝。

若虫：体长、宽在3毫米左右，近圆形扁平，如龟，淡绿色。复眼红色。触角和足淡黄色。通体缘毛密布。

生物学特征：

1年发生1代，以成虫在树皮下、树上卷叶、落叶层及土墙缝等处越冬。翌年3月开始活动，危害树木嫩芽；4月上旬开始产卵，4月下旬至5月上旬为产卵盛期。5月中旬若虫开始孵化，6月中旬为新成虫羽化初期。6月底至7月初为羽化盛期，此时成虫开始大量向周围果树上迁移危害，10月底至11月初越冬。新羽化和越冬后的成虫都要大量补充营养。成虫有群集性，多在背面叶脉处取食，被害叶片变色卷曲，大发生时致使叶片枯萎脱落。成虫受惊时乱飞瞎撞，袭人耳鼻，称"瞎撞"。成虫一般白天活动，主要靠风力传播，春秋季遇大风时，有利于扩散。成虫产卵部位随林木生长发育而异，因成虫寿命长，4月中旬芽期，在树芽上产卵。5月以后在叶片背面表皮下产卵，卵一端插入植物组织内，另一端露在叶面，在叶片上有突起。初孵若虫群聚嫩叶背面取食，使叶片向背面卷曲，呈长筒形，并在其内隐蔽取食，分泌白色蜡质物于卷叶内。若虫共5龄，30～50天；随着龄期增加，被害加重，最后卷叶发黄、脱落，特别是3～4龄，在密度很大时，卷叶内蜡质物增多，洒落地面，地下一片雪白色。老熟若虫由卷叶爬出迁到叶背及枝条上取食，羽化为成虫。

3.防控方法

加强检疫：苗木调运是该虫传播的主要途径，必须加强检疫。

保护利用天敌，如寄生蜂、瓢虫类等。

营造混交林，减轻危害；清除枯枝落叶和杂草，冬翻冬灌，消灭越冬成虫。

在早春（4月中旬以前）用内吸乳剂或烟剂进行防治，效果最好。

（五）蝽类

1.基本情况

蝽类是半翅目昆虫，也叫异翅目昆虫，是昆虫纲中的主要类群之一。半翅目昆虫的前翅在静止时覆盖在身体背面，后翅藏于其下。由于一些类群前翅基部骨化加厚，成为"半鞘翅状"而得名。蝽类主要包括网蝽总科、缘蝽总科、长蝽总科、蝽总科等，已知约7500余种。很多种类胸部腹面常有臭腺，遇到敌害会喷射出挥发性臭液，因此也被称为"臭虫"。受害植株的叶片褪色、发白、脱落，幼枝干枯、龟裂，重者枯死。

2.主要代表种类：小皱蝽（刺槐椿象、臭板虫等）

主要分布：分布于山东、江苏、浙江、湖南、湖北、四川、福建、广东、云南等地。危害刺槐、胡枝子、紫穗槐及葛条等多种园林植物，主要以若虫群聚刺吸受害植物的枝条，危害严重时致幼树整株枯死。成虫、若虫多群集在1～3年生枝条、幼树干的基部和枝杈处的幼嫩部位为害。

形态特征：

成虫：体长12～15毫米，扁平，黑褐色。前胸背板大而平坦，上有横皱纹；中胸小盾片发达，上部有一较明显的黄点；胸部背面红褐色，两侧各有6个小黄点。

卵：略呈长方形，长约0.8～1毫米，初产时米黄色，近孵化时变粉红或黑褐色。

若虫：初孵体淡红，蜕皮后胸部黄褐色，腹部黄色，中央有一行褐色疣状突起，复眼红色。

生物学特征：

1年1代，以成虫在杂草里或石块下越冬。翌年3月中下旬开始出蛰活动，低山阳坡出蛰早，高山阴坡较晚。出蛰初期一般中午爬出，日落前潜伏，随着气温的上升，越冬成虫不再回到石块下。多集中在萌发较早的杂草及刺槐的根际处，刺槐开花时才陆续上树为害。6月成虫交尾、产卵，卵产在径粗为2～7毫米的枝条上纵向成行，围绕枝条一圈。经半月左右孵化。若虫期共5龄，经55天左右变为成虫，9月下旬开始下树越冬。成虫、若虫均有群集性和假死性，其群集为害期在8～9月间。成虫受惊能分泌毒液腐蚀人的皮肤。

3.防控方法

人工防治：在成虫群集越冬时，清理石块、杂草，捕捉越冬成虫；在为害期，用棍击落，集中消灭。

生物防治：天敌有白僵菌，在阴坡郁闭度较大、湿度高的林分，用白僵菌防治效果较好。

化学防治：若虫发生期，可用菊酯类、乐果类药物喷杀。

（六）蜱螨类

1.基本情况

蜱螨类是一类体型细小的刺吸性节肢动物门，蛛形纲，蜱螨目。蜱螨目在自然界分布很广，约有10000余种，但其中大多数是螨类。为害植物叶片和嫩芽、花蕾，引起叶子变色终至脱落，或植物柔嫩组织畸形等，影响植物正常生长。螨类繁殖速度快，一年最少2～3代，最多20～30代。

蜱螨类与昆虫的主要区别在于：体不分头、胸、腹三段；无翅；无复眼，或只有1～2对单眼；有足4对（少数有足2对或3对）；变态经过卵——幼螨——若螨——成螨。与蛛形纲其他动物的区别在于体躯通常不分节，腹部宽阔处与头胸相连接。

2.主要代表种：山楂红蜘蛛（红砂、火龙虫、火珠子）

主要分布：山楂红蜘蛛也叫山楂叶螨。分布很广，为害梨、苹果、桃、李、杏、樱桃、海棠、沙果及山楂等，嫩芽被害后，重则变黄焦枯，不能展叶开花，或开花很小。叶片受害部位呈现灰黄斑点，以后逐渐扩大，使受害叶焦枯、质变厚，并早期脱落，对果树生长及果实的产量和质量有严重影响。

形态特征：

雌成虫：足4对，体椭圆形。体背隆起，有皱纹，上有刚毛26根，成6列。有冬型、夏型之分，夏型个体长约0.6～0.7毫米，初为红色，后变暗红色；冬型虫体长约0.4毫米，朱红色。

雄成虫：略呈枣核形，长约0.4毫米，体背微隆，有明显浅沟，尾部尖而突出，色淡黄或浅绿，背两侧有黑绿色斑纹，第1对足较长。

卵：球形、光滑、有光泽。早春及晚秋初产卵为橙黄色，后变橙红色。夏季卵初产为半透明，渐变为黄白色。

幼虫：初孵为乳白色，圆形，具足3对，开始取食后，体呈卵圆形，体两侧出现暗色长形斑。

若虫：近圆球形，足4对，能吐丝。前期为淡绿色，稍后变为翠绿色。

生物学特征：

每年发生6～9代，以受精雌虫在树干主、侧枝的粗皮缝隙、枝杈及树干附近土缝中越冬，发生严重的果园，在树下土块、落叶、杂草根、果实的萼洼、梗洼等处都有越冬虫，但来年造成为害的，系树皮下越冬个体。越冬成虫多在花芽膨大时出蛰，苹果吐蕾、梨盛花时为盛期。前期多集中群栖内膛的小枝和花、叶间，成虫喜在叶背为害，为害轻者花小而瘦弱，严重时吐丝结网，致花芽不能开放，变黄枯焦。第1代若虫危害先芽后叶，梨树盛花期后1个月左右为虫害发生盛期。以后各代重叠，繁殖迅速，数量大增。7～8月为全年繁殖最盛时期，受害叶枯黄变硬，甚至早期脱落。若虫习性活泼，成虫则不活泼，群栖叶背为害，并吐丝结网。卵多产在叶背主脉两侧，很少产在叶面。卵期春季约10天，夏季约5天。在正常条件下，9月出现越冬虫，11月下旬全部越冬，在被害叶提前坠落时，越冬虫亦提前出现。

3.防控技术

人工措施：在越冬卵孵化前刮树皮并集中烧毁，刮皮后在树干涂白杀死大部分越冬卵。

农业措施：早春松土，清除地面杂草。

物理防治：可在发芽前（约3月下旬前），在树干涂一闭合粘胶环，环宽约3厘米。2个月左右再涂一次，阻止树上转移为害。

生物措施：保护和增加天敌数量可增强其对红蜘蛛种群的控制作用。主要为中华草蛉、食螨瓢虫和捕食螨类等。

化学措施：应用螨威、三氯杀螨醇、螨死净等均匀喷雾，均可达到理想的防治效果。

（七）螟蛾类

1.基本情况

螟蛾为鳞翅目，螟蛾科，全世界已记载约1万种，中国已知1000余种，许多种类为农林果的重要害虫。幼虫取食粮食、蔬菜、果树、森林等各种植物，中草药、面粉、食品、干果、球果以及多种贮藏物都可受到螟蛾为害。多数为钻蛀取食，也有少数卷叶取食的。

2.主要代表种：松梢螟

主要分布：分布于全国，为害马尾松、黑松、油松、赤松、黄山松、云南松、华山松及加勒比松、火炬松及湿地松等。幼虫钻蛀中央主梢及侧梢，使松梢枯死，中央主梢枯死后，侧梢丛生，树冠呈扫帚状，严重影响树木的生长，有时侧梢能代替主梢向上生长，但树干弯曲、分叉，降低木材利用价值。除为害松梢外，幼虫也可蛀食球果。

形态特征：

成虫：体长10～16毫米，翅展22～23毫米。全体灰褐色，触角丝状，前翅近中央处有一肾形白点，白点与翅外缘之间有一条明显的白色波状横纹。白点与翅基部之间有两条白色波状横纹。后翅灰白色，无斑纹。

卵：椭圆形，有光泽，长约0.8～1.0毫米，黄色，将孵化时变为樱红色。

幼虫：淡褐色，老熟幼虫有时变为淡绿色。头部及前胸硬皮板为褐色，体表生有多数褐色毛片，腹部各节有毛片4对，背面的两对较小，呈梯形排列，侧面的两对较大。老熟幼虫体长25毫米左右。

蛹：红褐色，长11～15毫米。腹端有一块黑褐色的骨化皱褶狭条，其上生有细长臀刺6根，其端部卷曲，中央两根较长。

生物学特征：

年发生两代，但生活史不一致。以幼虫在被害梢的蛀道内越冬，或在枝条基部的伤口内越冬。次年3月底至4月初越冬幼虫开始活动，在被害梢内继续向下蛀食，一部分越冬幼虫转移为害新梢。5月上旬幼虫陆续老熟，在被害梢内筑蛹室化蛹，5月下旬开始羽化。成虫白天静伏，夜晚活动，飞翔迅速，有趋光性，产卵在嫩梢针叶上或叶鞘基部，也可产在当年被害梢的枯黄针叶凹槽处、被害球果以及树皮伤口上。卵期约1周，初龄幼虫爬行迅速，寻找新梢为害，先啃咬梢皮，形成一个指头大的疤痕，被啃咬处有松脂凝结，以后逐渐蛀入髓心。成虫第2次出现期为8月上旬至9月下旬，11月以后幼虫越冬。

3.防控方法

松梢螟大多数发生在阳光充足、郁闭度较小、15年生以下的松林中，因此适当密植。

加强抚育：使幼林提早郁闭，可减少被害。

在冬季利用农闲发动群众剪除被害梢，集中烧毁。

产卵期：初孵幼虫，喷洒杀螟松、灭幼脲、辛硫磷等。

利用天敌：在蛹期长距姬蜂对控制虫口有一定作用。

灯泡诱杀：利用黑光灯以及高压汞灯诱杀成虫。

第四节　蛀干（木材）害虫及防控

一、基本概念

蛀干害虫是生长生活于树木主干内，以咀嚼式口器取食韧皮部、木质部和形成层的一类害虫。这类害虫主要包括鞘翅目天牛科、小蠹科、吉丁科、象科，鳞翅目木囊蛾科、透翅蛾科，膜翅目树蜂科等。其主要为害方式是蛀成虫道，破坏树木养分、水分的疏导功能和分生组织，轻则促使树木长势衰弱，重则能使树木迅速死亡。因而，蛀干类害虫是极易毁灭森林的一类害虫。

二、危害特点

这类害虫在蛀道内长期隐蔽生活，受气候剧烈变化的影响小。

天敌种类少，寄生率很低，害虫存活率高。

种群数量相对稳定，个别种类为经常大发生的害虫。

选择入侵的树木生长势有很大差异，大多数种类危害生长衰弱的树木，故称之为次期性害虫。只有少数种类可以直接入侵寄居健康树干。

多数为专食性，少数为寡食性，成灾原因是该种害虫生态位被人为地盲目扩大而形成的结果。

三、主要虫害及防控

（一）天牛类

1.基本情况

天牛类是鞘翅目，天牛科昆虫，全世界已知有2万种以上，我国已记载的有2000多种。一般多以幼虫在原蛀道内越冬。成虫是唯一裸露生活的虫期，其寿命少则10多天，长可达2个月，雄虫较雌虫短。天牛复眼小眼面细的种类，多在白天阳光下活动，常以花粉为食；小眼面粗的种类，多在晚间活动，成虫常食嫩树皮、嫩树枝和叶片等。天牛产卵方式有3种，一是先咬刻槽，然后把产卵器插入皮下，把卵产于韧皮部和木质部之间；二是不咬刻槽，直接把卵产于光滑的树干上或树皮缝内；三是土居种类，直接产卵于土中。

全部为植食性的钻蛀危害，食性一般比较固定。主要以幼虫危害树木，有的种也危害草本植物（如菊天牛、草天牛等）。不同的天牛种类，其钻蛀部位和习性也不同，有的危害干、茎基部和根部；有的危害树干下部；有的危害整个树干；有的危害枝条；有的危害伐倒木和木材。同一树种从健康——衰弱——枯死——腐烂各阶段，甚至不同干燥程度的木材，常有不同种的天牛危害。

2.主要代表种：桃红颈天牛

主要分布：分布于全国各省、市、区。危害桃、杏、李、梅、樱桃、苹果、梨、柳等果树和林木，是桃树、红叶李的主要害虫之一。

形态特征：

成虫：体长28～37毫米，体黑而发亮，有"红颈"和"黑颈"两种色型，长江以北只见"红颈"型，即前胸背板多为光亮的棕红色，头顶部两眼间有深凹；触角蓝紫色，基部两侧各有1叶状突起。"黑颈"型前胸背板前后缘呈黑色，并收缩下陷，密布横皱；两侧各有1个刺突，背面有4个瘤突。鞘翅表面光滑，基部较前胸宽，后端较窄。雌虫体较大，头部及前胸腹面有许多横皱，触角超过虫体2节；雄虫体较小，头部腹面有许多横皱，前胸腹面密布刻点，触角超过虫体5节。

卵：卵圆形，长6～7毫米，乳白色。

幼虫：老龄幼虫长42～52毫米，乳白色，前胸较宽。体前半部各节略呈长方形，后半部略呈筒形，两侧密生黄色毛。前胸背板前半部横列4个黄褐色斑，背面2个呈长方形，两侧略呈三角形。

蛹：体长35毫米左右，初为乳白色，后渐变为黄褐色，前胸两侧各有1刺突。

生物学特征：

此虫一般为2年1代，少数为3年1代。第一代当年以幼龄幼虫、第二年以老熟幼虫越冬。成虫于5～8月间出现。成虫羽化后在蛹室中停留3～5天后才出来活动。雌虫遇惊扰即飞逃，雄虫则多走避或自树上坠下，成虫出孔2～3天后开始交尾产卵，交尾多次。卵产在枝干树皮缝中，一般树干基部距地面35厘米内产卵最多，产卵期为5～7天。卵期一般7～8天。幼虫孵出后即向下蛀食韧皮部，当年生长至6～10毫米，在皮层中越冬。翌年春幼虫恢复活动，由皮层逐渐蛀食到木质部表层，夏季蛀入木质部深处，蛀道不规则，入冬时幼虫即在蛀道内越冬。第三年春继续为害，4～6月幼虫老熟，用分泌物黏结木屑在蛀道内作室化蛹。幼虫历时23个月左右。蛹室在蛀道的末端，幼虫在化蛹前就已咬好羽化孔，但孔外的树皮仍保持完好状态，蛀道自上而下，往往可达地面下6～10厘米，全长可达50～60厘米。被害树干的蛀孔外皮及地面上常堆积有排出的红褐色粪屑。

3.防控方法

成虫羽化前：进行树干和主枝基部涂白，防止成虫产卵。

成虫期：人工捕杀，或在树干和主枝上喷洒西维因、澳氰菊酯等。

幼虫期：用敌敌畏、马拉硫磷、杀螟松、辛硫磷等药剂50倍液滴注虫孔，或和泥堵孔。

保护天敌：有寄生于幼虫的管氏肿腿蜂。

（二）小蠹类

1.基本情况

小蠹类属鞘翅目，小蠹科，为小型甲虫，身长0.8～10毫米，多数在4毫米以下，长形、圆柱形和半球形。已知有3000多种，我国有500余种。有些种类为重要的林木害虫。主要为害生长弱的濒死木，因而原始林及成熟林发生尤多。若干种类能侵害健康立木，促使林木成片死亡。小蠹一般1年1代，少数种类可发生2代。多数以成虫越冬，少数以幼虫或蛹越冬。通常，卵期和蛹期较短，约10～14天，幼虫期15～30天。一般一个半月可完成一个世代。雌虫一生中能多次产卵，故各虫态重叠现象普遍。食性单一且以针叶为主。

2.主要代表种：华山松大小蠹

主要分布：已知分布于陕西、甘肃、四川、河南及湖北等地，海拔高度在1400～2400米的林区。主要为害华山松、油松。可以直接侵害30年生以上的健康木，破坏树高2/3以内主干的形成层。因虫口密集、虫道串通，在成虫入侵期，一般只需一个月左右，树木便失去生机。因此该虫是一种毁灭性害虫，是造成陕西省40多年来华山松大量枯死的主要原因。

形态特征：

成虫：长椭圆形，体长4.4～6.5毫米，暗褐色或黑褐色，触角及跗节红褐色。胸背板黑色，有光泽，较短，基部宽，前端较狭；前缘中央缺刻大而显著，后缘中央向后突出成角，侧缘向前略呈"s"形。

卵：乳白色，椭圆形，宽0.5毫米，长约1毫米。

幼虫：老熟幼虫乳白色，头部淡黄色，体粗壮，长6毫米左右。口器褐色。

蛹：体长4～6毫米，乳白色，腹部各节背面均有一横列小刺毛，腹末有一对大刺突。

生物学特征：

在陕西省秦岭林区，华山松大小蠹年发生代数因海拔高度不同而有差异。一般在海拔高1700米以下林带内，1年可发生2代；2150米以上林带内1年发生1代，1700～2150米林带内则为2年3代，一般以幼虫越冬，也有蛹或成虫越冬。越冬成虫在6月出现，老熟幼虫7月开始羽化飞出，再入侵为害。成虫有很强的入侵能力，可在侵入孔流出的大量黏稠凝脂中活动自如，虫口数量大，可使受害立木迅速衰弱。一般的规律是纯林较混交林受害重；低地位级较高地位级严重；老龄林较幼林严重；疏密度小的较疏密度大的严重；阳坡较阴坡严重。

3.防控方法

营林措施：合理规划，良种壮苗，选择抗性品种；营造混交林；加强抚育管理。

在发生区，及时清除受害木：在幼虫越冬至第2年成虫羽化飞出前，即头年10月至次年5月底以前，最好是第2年3～4月进行。重点清除被害木，也可以设置饵木诱杀。

在未发生区，改善林内卫生：及时清理林中衰弱木、病腐木等。

药剂处理：在越冬成虫活动或羽化前，喷杀虫剂于树干、树冠及越冬场所，或树干注射杀虫剂。

要注意保护和利用天敌。

（三）吉丁类

1.基本情况

吉丁类属鞘翅目，古丁虫科，俗称爆皮虫。约15000种，多数分布于热带区，是色泽最鲜艳的一类昆虫。有些种类的鞘翅是带金属色泽的蓝、铜绿色、绿色或黑色。种类很多，成虫大小、形状因种类而异，小的不足1厘米，大的超过8厘米。幼虫体长而扁，乳白色，大多蛀食树木，亦有潜食于树叶中的，严重时能使树皮爆裂，故名爆皮虫，为林木、果木的重要害虫。

2.主要代表种：杨十斑吉丁虫（大头虫）

主要分布：分布于新疆、内蒙古、甘肃、宁夏，为害杨、柳等，幼虫在树干皮下及木质部蛀食为害，致树木长势衰弱，发生严重时树木失去经济价值。

形态特征：

成虫：体长8～23毫米，紫褐色，有金属光泽。每翅鞘上有明显的纵线4条及黄色斑点5个（有时分离为6个），故称十斑吉丁虫。

卵：椭圆形，长1.5毫米，宽约0.8毫米，初产时淡黄色，孵化时变深灰色。

幼虫：体长17～27毫米，口器黑褐色，胸部背腹板黄褐色，中央有一"人"字纹。头、胸部肩平宽阔，腹部细长，无足，故有大头虫之称。

蛹：长9～19毫米，宽约5毫米，浅黄色，快羽化时体色逐渐变深，头向下垂，触角向后。

生物学特征：

1年1代，以老熟幼虫在树干边材内越冬。第2年4月中下旬开始化蛹，蛹期10天左右。4月下旬及5月上旬成虫开始羽化，新羽化的成虫，在树干内停留3～5天后飞出，多在10时以后，以中午最多。飞出后当天先在树干上下爬行，并咬食叶片进行补充营养，然后开始交尾。有明显的喜热向阳习性，早晨不活跃，易于捕捉。日出后，活动方位常随太阳迁移，10～14时最活跃，交配产卵多在此时。夜间静伏在树皮裂缝内或树冠枝杈处，趋光性极弱，有假死性，一触即落。有一定飞翔力，一次能飞行6米左右，寿命一般20天左右，雄虫稍短。卵多散产在树皮表面的裂缝、伤痕、节疤等处，以阳面较多，卵期13～15天，6月上中旬为卵孵化盛期。初孵幼虫即在卵壳附近侵入皮内，幼龄幼虫仅在树皮表层内为害，此时树皮外可见水渍状印痕，稍后，树皮干裂，露出褐色粪末。幼虫分泌液体，将粪末木屑黏成片状，约20天以后，幼虫钻入木质部为害，形成弯曲的虫道，蛀入孔用木屑堵死。10月中旬开始越冬。第二年4月化蛹，少量幼虫有滞育现象，第三年才化蛹，羽化成虫。斑吉丁虫的发生与环境条件有密切关系，不同树种和品种受害情况不同，树皮粗糙的旱柳，受害严重；树皮光滑的箭杆杨受害最轻。同一树种立地条件不同受害情况也不相同，凡生长好、郁闭度大、光照少的密林受害轻；混交林较纯林受害轻；林内比林缘受害轻。

3.防控方法

加强检疫：严防运输传播。

营造混交林：减少害虫发生。

加强林地卫生：清理受害立木，减少虫源，在4月中旬成虫飞出前处理。

成虫羽化前：用白涂剂对树干2～2.5米以下的部位涂白，可减少产卵量及降低卵的孵化率。

成虫盛发期，用马拉硫磷乳油、杀螟松乳油、乐果乳油连续2次喷洒有虫枝干；在幼虫孵化初期，用40%氧化乐果乳油100倍液，每隔10天涂抹危害处；幼虫钻蛀盛期，用刀纵向割裂虫斑，以阿维菌素500倍液和氧化乐果原液混合涂刷树干。

保护并利用当地天敌：可有效控制吉丁虫对树木的为害。

（四）象甲类

1.基本情况

象甲是鞘翅目，象甲科昆虫的简称，亦称象鼻虫，约有51000种，喙突出，形似象鼻，因此而得名。幼虫和成虫均以植物为食，大部分种类蛀入植物组织内，危害严重。

2.主要代表种：杨干象

主要分布：分布于西北、东北、华北。为害杨柳科植物，还为害桦树。是杨树的毁灭性害虫。幼虫在韧皮部中环绕树干蛀道为害，由于切断了树木的输导组织，轻者造成枝梢干枯，重者能使整株树木死亡。

形态特征：

成虫：体长8~10毫米，脑圆形，黑褐色或棕褐色，没有光泽。头管、触角及节赤褐色，全体密被灰褐色鳞片，其间散生白色鳞片，往往形成若干不规则的横带，头管基部着生1对黑色毛簇，头管弯曲，中央具一条纵的隆线。复眼黑色。触角9节，棕褐色。

卵：乳白色，椭圆形，长1.3毫米，宽0.8毫米。

幼虫：乳白色，通体疏生黄色短毛，胴部弯曲，略呈蹄形。头部黄褐色，上颚黑褐色，下颚及下唇须黄褐色。头颅缝明显，前头上方有1条纵缝与头颅相连。

蛹：体长8~9毫米。乳白色，腹部背面散生许多小刺，在前胸背板上有数个突出的刺，腹部末端具1对向内弯曲小钩。

生物学特性：

1年1代，以卵或初龄幼虫越冬。翌年4月中旬越冬幼虫开始活动，越冬卵也相继孵化为幼虫。当年孵出的幼虫，将孔口处的卵室壁咬破，在孔口外面隐约可见有粉末状物出现，但不取食，在原处越冬。幼虫开始取食时，先于原处取食木栓层，食痕呈不定型的片状，逐渐深入韧皮部与木质部之间环绕树干蛀成圆形隧道，在隧道中间蚀性食害。停止取食时虫体收缩，头部朝向侵入孔。虫蛀道初期，在隧道末端的表皮上咬一针刺状小孔，由孔中排出丝状排泄物，常由孔口渗出树液，隧道处的表皮颜色变深，呈油浸状，微凹陷。随着树木的生长，隧道处的表皮常形成一圈圈刀砍状的裂口，促使树木大量失水而干枯，非常容易造成风折。幼虫在3~6年生的树上多分布于2米以下的东面和南面，尤在60~150厘米之间最多，2米以上则较少。幼虫在5月下旬于近隧道末端处向上钻入木质部，凿成圆形羽化孔道，在孔道末端做成椭圆形蛹室。蛹室两端用丝状蛀屑封闭，整个羽化孔道充满幼虫嚼剩的碎屑。幼虫化蛹时头部向下，蛹期平均10日。成虫6月中旬开始羽化，羽化时间大都在早上和夜晚，羽化期1个月左右，羽化经12日后爬出羽化孔。成虫出现盛期为7月上旬，7月末羽化完成。成虫出孔后，爬到嫩枝或叶片上取食作补充营养。在枝干上取食时，先咬一圆孔，然后将头管伸入形成层内食害，常见被害枝干上留有无数针刺状小孔。常常诱致杨树烂皮病病菌的侵入，加速树木的死亡。如于叶片上取食，多在叶片背面啃食叶肉，残留表皮，食痕呈网眼状。成虫很少起飞，善于爬行。如食料缺乏成虫可以飞行。一般多在早晚天气凉时活动最盛。成虫假死性较强。如受惊扰便收缩肢体下坠，长时间伪死不动。成虫多半在早晨交尾和产卵。卵产于叶痕或裂皮缝的木栓层中，产卵前先咬一产卵孔，然后在孔中产1粒卵，并排泄黑色分泌物将孔口堵好才离去。产卵期平均为36天。成虫产卵时多选择3年生以上的幼树或枝条，在通常情况下，不在1、2年生苗木或枝条上产卵，成虫产卵后，停止取食，多攀缘于物体上死亡。

3.防控方法

此虫属国内林木植物检疫对象之一，采取相应的检疫措施，经过严格的检疫才能调运。

因地制宜选择抗性强的树种，加强抚育管理，清理林木病虫枝，增强通风透光，控制病虫害的发生。

化学防治：早春杨树萌叶前，用40%氧化乐果乳液刷树干1.5米高或10～15厘米宽的药环，毒杀虫卵或刚孵化的幼虫。于4月下旬至5月下旬，用40%的氧化乐果60倍液或除虫脲（高渗氧化乐果）50倍液点涂侵入孔，防治越冬幼虫。6月中下旬，先清除虫口粪便，用0.1克磷化铝堵孔，最后用黄泥封口，或用树干注射方式防治老熟幼虫。

保护啄木鸟和蟾蜍等天敌。

发生面积不大时，可利用成虫的假死性，于早晨震动树干，捕杀落下的成虫。

（五）木蠹蛾类

1.基本情况

木蠹蛾是鳞翅目，木蠹蛾科动物，在世界范围内均有分布。目前已知有1000余种。木蠹蛾成虫口器退化，体粗长，翅灰到褐色，常有斑点；幼虫为灰白色或深红色，几乎无毛。它喜欢先将根颈皮层蛀食剥落，然后向心材横向或上下钻蛀。

2.主要代表种：芳香木蠹蛾（蒙古木蠹蛾）

主要分布：分布于东北、华北、西北及华东等地，主要为害杨、柳、榆、槐、核桃、稠李、丁香、山定子等多种阔叶树种。幼龄幼虫喜群居，当年幼虫常数头乃至十数头，由干、枝和根际侵蛀韧皮部及边材造成危害，形成弯曲宽阔的隧道。不断排出虫粪及木丝，致树液外流，使树势逐年衰弱，以致整株死亡。

形态特征：

成虫：雌虫体长30～34毫米，翅展67～73毫米；雄虫体长27～32毫米，翅展49～56毫米。身体及前翅灰褐色，雄性色较暗。触角紫色，带齿状。胸、腹部粗壮多毛。前翅散布许多黑褐色横纹。中足胫节有1对距，后足胫节距2对。

卵：灰褐色，椭圆形，长1.1～1.3毫米，宽0.7～0.8毫米。表面布满黑色纵纹，并有横隔。

幼虫：初龄体粉红色，老熟时，背部为淡紫红色，体侧较背部色稍淡，腹面为黄色或淡红色。头部黑色，较胸部显著微小。前胸背板深黄色，上有凸字形黑纹1个。足淡黄色。老熟幼虫体长56～70毫米。

蛹：褐色，稍向腹面弯曲，长38～45毫米。

生物学特征：

2年1代，第1年在树干内越冬，第2年幼虫离开树干入土越冬。成虫羽化期为5月下旬至6月下旬。羽化多在夜间，1～2日后即能交尾、产卵。雌蛾寿命4～9天，雄蛾寿命4～10天。有趋光性。卵产于树干基部或树皮裂缝、伤口处，成堆。新孵幼虫蛀入树皮取食韧皮部和形成层，然后深入木质部。当年幼虫于9月下旬开始在坑道末越冬。翌年4月中旬开始活动，多数向干内纵上方钻蛀，筑成不规则的广阔连通坑道，并与外部排粪孔相通。老熟幼虫于9月上旬至9月末陆续由原蛀入孔爬出，在地面寻找适宜场所（多在靠近树干处）结土，褐色的土茧越冬。化蛹最早为5月初，最晚为5月末。蛹期一般18～26天。

3.防控方法

在卵及孵化期：向树干喷布乐果乳剂、辛硫磷等毒杀初孵幼虫，或涂抹蛀孔处，以触杀或熏杀侵入的幼虫。

使用灯光：诱杀成虫。

产卵前期：树干涂白。

（六）透翅蛾类

1.基本情况

透翅蛾，又称黄蜂蛾，鳞翅目，蛾亚目，透翅蛾科昆虫。中国已知40余种。透翅蛾主要分布在中国东北、华北、西北、华东等地区。幼虫是钻蛀性害虫，喜在树木枝干内蛀食木质髓部，引起树液向外溢出。

2.主要代表种：白杨透翅蛾

主要分布：分布于陕西、甘肃、青海、宁夏、新疆、北京、天津、山西、内蒙古、吉林、辽宁、黑龙江、四川、江苏等区域。主要危害杨、柳科树木，尤以毛白杨、银白杨、河北杨受害最重。幼虫蛀入树干和顶芽，被害处枯萎下垂，抑制顶芽生长，而徒生侧枝，形成秃梢。侵入初期，在木质部与韧皮部之间围绕枝、干蛀食，致使被害处组织增生，形成瘤状虫瘿，后蛀入髓部危害，易遭风折。可随苗木调运传播。

形态特征：

成虫：体长11～20毫米，翅展22～38毫米，头半球形，下唇须基部黑色密布黄毛，雌蛾触角栉齿不明显，端部光秃，雄蛾触角具有青黑色栉齿2列。前翅窄长，褐黑色，中室与后缘略透明，后翅全部透明。腹部青黑色，有5条橙黄色环带。

卵：椭圆形，黑色，有灰白色不规则多角形刻纹，长径0.62～0.95毫米，短径0.53～0.63毫米。

幼虫：体长30～33毫米，初龄幼虫淡红色，老龄时黄白色。

蛹：体长12～23毫米，纺锤形，褐色。腹部2～7节背面各有横列的刺2排，9、10节各具刺1排。腹末具臀刺。

生物学特征：

1年1代，以幼虫在枝条虫道内越冬，在西安越冬幼虫翌年3月下旬恢复取食。4月底5月初幼虫开始化蛹，5月中旬成虫开始羽化，6月底至7月初为羽化盛期。成虫羽化时，蛹体穿破堵塞的木屑将身体的2/3伸出羽化孔，遗留下的蛹壳经久不掉，极易识别。一般在上午8时至下午3时羽化，并多在林缘或苗木稀疏的地方活动、交尾、产卵，夜晚静于枝叶上不动。成虫羽化后，当天即可产卵，时间多在上午10时至下午3时，卵多产于1～2年生幼树叶柄基部、有绒毛的枝干上、旧的虫孔内、受机械损伤的伤痕处及树干缝隙内。卵期一般10天左右。幼虫孵化后，多在嫩的叶腋、皮层及枝干伤口处或旧的虫孔内蛀入。如在侧枝或主干上，即钻入木质部和韧皮部间，围绕枝干钻蛀虫道，被害处形成瘤状虫瘿；钻入木质部后，沿髓部向上方蛀食，幼虫蛀入树干后，通常不转移。越冬前，幼虫在虫道末端吐少量丝作薄茧越冬。

3.防控方法

引进或输出的杨树苗木和枝条：一定要经过严格检疫。

幼虫初蛀入时：发现有虫屑或小瘤，要及时用小刀削掉，可用钢丝自虫的排粪孔处向上钩刺幼虫。

幼虫侵入枝干后：在被害处用杀虫剂涂一环状带，以毒杀幼虫。

用信息素诱捕器诱杀。

第五节　种实害虫及防控

一、基本概念

种实害虫是指危害林木花、果实和种子的害虫。种子是造林育苗所必需，其质量及数量直接影响植树造林成效，由于某些种实害虫的侵害，严重时可导致种子颗粒无收或使之在贮藏过程中失去使用价值，为采种工作带来很大的困难。这类害虫多属于鳞翅目的螟蛾类、卷蛾类、举肢蛾类，鞘翅目的象甲类，膜翅目的小蜂类及双翅目的花蝇和蚊等。

二、危害特点

它们多在花期或幼果期产卵。

随着种实的生长而逐渐发育成长，成熟后自行脱果或随采收种实而带至贮收场所。

多隐蔽为害，发现不易，防治也较困难。

三、主要虫害及防控

（一）螟蛾类

1.基本情况

螟蛾是鳞翅目，蛾亚目，螟蛾科的通称。全世界已有20000种以上，中国记录有1000余种.螟蛾身体细长脆弱，小型或中等大小。有喙或者其已萎缩。有单眼及复眼。触角细长。幼虫一生蜕皮4～5次，分5～6龄。蛹裸露纺锤形。在茎秆内、树杈间、土壤中吐丝化蛹。成虫在夜间飞翔，但在仓库和居室内不论白天夜晚都活动。成虫寿命约1周。发生世代随同种类而异。多数种类一生须转换寄主，能迁移。以幼虫越冬。

2.主要代表种：油松球果螟（松果梢斑螟）

主要分布：分布于陕西、甘肃、河南、北京、辽宁、吉林、四川、江苏等地区。幼虫为害油松、马尾松、华山松、白皮松、赤松及红松的球果及嫩梢。

形态特征：

成虫：体长10～13毫米，翅展约26毫米。前翅赤褐色，近翅基有一灰色短横线，内、外横线呈波状银灰色纹，两横线间为暗赤褐色，但靠近翅前后缘处则呈浅灰色云斑，中室端有一新月形白斑，缘毛灰褐色。后翅浅灰色，外缘暗褐色，缘毛淡灰褐色。

卵：椭圆形，长径0.8毫米，短径约0.5毫米。初产时为乳白色，后渐变为樱桃红色、紫色，孵化前变成紫黑色。

幼虫：老熟时体长15～22毫米。初孵时为灰白色，略带赤色，后渐变为灰黑色或黑蓝色，有光泽。腹足趾钩为双序环，臀沟趾钩双序缺环。

蛹：赤褐色或暗赤褐色，长11～14毫米，头及腹末均较圆而光滑，尾端有钩状臀刺6根，排成弧形。

生物学特性：

在陕西乔山林区1年1代。以幼虫在被害果、被害枯梢内越冬。在陕西乔山林区5月中旬开始转移，为害球果及嫩梢，5月下旬至6月上旬为转移为害盛期。6月中旬开始化蛹，6月底7月初成虫羽化，7月中旬幼虫孵化，又蛀入当年遭受过虫害而枯死的先年生球果和当年生枝内取食为害，并在其中越冬。幼虫主要为害先年生球果，只是在结实不良的情况下，才危害当年的枝、果。先年生球果被害后，在球果下靠果柄基部有一显眼的近圆形蛀孔，孔口径2.5～5毫米，孔口结有灰褐色薄丝网，其上粘有赤褐色粪粒，先年生球果受害后，轻者局部组织变褐枯死，果形弯曲，种子量少而质劣，重者则整个球果被毁，种子颗粒无收，果内留有虫粪和松脂，干缩枯死，紧闭不开，提早脱落。当年生枝梢受害后，则形成大量枯梢，影响林木正常生长发育。幼虫发生为害一般是老龄树重于幼龄树，阳坡重于阴坡。常与油松球果小卷蛾、松梢螟共同为害，也单独为害。老熟幼虫在被害的先年生球内或当年生枝内化蛹，蛹期约20天。化蛹率20%～25%。白天以

8～12时羽化最多。羽化期持续一个多月。成虫寿命约4天。

3.防控方法

于越冬幼虫转移为害初、盛期，喷洒50%二溴磷乳油或50%磷胶胺乳油500～1000倍或50%杀螟松乳油500倍液，或每毫升含活孢子1亿～3亿的苏云金杆菌液，防治幼虫。

冬季剪除虫害果、枝，烧毁之。

要注意保护和利用天敌。

（二）卷蛾类

1.基本情况

卷蛾是鳞翅目，卷蛾科的通称。全世界已知约3500种，我国约200种。小型到中型蛾类。因在幼虫时期往往卷叶为害而得名。

2.主要代表种：油松球果小卷蛾

主要分布：分布于陕西、甘肃、河南、四川、贵州、江苏、浙江、江西和安徽等地。为害油松、马尾松、赤松、红松、黑松、华山松、湿地松、白皮松、云南松。

形态特征：

成虫：体长6～8毫米，翅展16～20毫米。体灰褐色。触角丝状，各节密生灰白色短绒毛。前翅有灰褐、赤褐、黑褐三色相间云斑，顶角处有一弧形白斑纹。

卵：初产为乳白色，孵化前为黑褐色。扁椭圆形，长0.9毫米，宽0.7毫米左右。

幼虫：老熟幼虫体长12～20毫米。头及前胸背板赤褐色，胴部粉红色。

蛹：赤褐色，体长7.6毫米，宽2.5毫米。腹部木端呈叉状刺8根。蛹外披黄褐色丝质茧，长11毫米，宽4毫米。

生物学特性：

在陕西、四川、贵州、河南均1年发生1代，以蛹越夏过冬。陕西乔山林区成虫4月上旬开始羽化，4月下旬至5月上旬为羽化盛期。6月上中旬幼虫开始老熟，离开球果，吐丝坠地，在枯枝落叶层、杂草丛中及松土层内结茧化蛹。幼虫钻入松梢期与春梢抽梢期相一致，因此油松球果小卷蛾是引起松类春梢枯死的主要原因。卵初产下为乳白色，卵期最长22天，最短5天，一般为1～21天。幼虫的整个生活过程，大致可分为裸露、隐蔽、再裸露、再隐蔽四个阶段。营裸露性生活，取食嫩梢表皮、针叶及当年生球果。幼虫稍大后，蛀入先年生球果、嫩梢皮层和髓心为害，营隐蔽性生活至老熟阶段。幼虫老熟后即爬出球果，随后，在枯枝落叶层及凹壁、土坎壁地衣下等处吐丝结茧再隐蔽化蛹。幼虫由孵出至老熟坠地历时30天。蛹期长达310天。雌蛾寿命长于雄蛾，前者平均16天，后者平均11天。卵散产于球果、嫩梢及先年生针叶上。此虫发生在海拔1900米以下的松林内。

3.防控方法

选育良种，提高抗性；加强管理，提高林分郁闭度，抑制其发生发展；于老熟幼虫坠地前，剪除被害果、枝并烧毁。

保护天敌，卵期释放赤眼蜂；生物防治，幼虫孵化期用白僵菌防治。

卵期、幼虫孵化期，可喷洒50%杀螟松、15%亚胺硫磷乳油、50%马拉硫磷乳油等。

在虫口密度大、郁闭度0.6以上的林分，施放烟雾剂熏杀成虫。

（三）小蜂类

1.基本情况

小蜂是膜翅目，小蜂总科昆虫的通称。昆虫身体普遍是小型类，长1～5毫米左右，最小的仅0.2毫米。翅脉退化。主要是寄生类和重寄生类。在大多数情况下为害种子，也有以寄生方式为害叶、茎的。此类中的有些种为益虫，如赤眼蜂。

2.主要代表种：刺槐种子小蜂

主要分布：分布于我国辽宁、河北、河南、山东、山西、陕西、甘肃、宁夏、湖北、江西、云南等地。主要为害刺槐种子。

形态特征：

成虫：雌虫体长1.8～2.6毫米，体黑色。头正面观横形，略宽于前胸背板，具短毛，布点刻；面部略膨起。触角着生于颜面中部，略呈棒状，柄节柱状，细长；触角窝相当大。复眼卵圆形，单眼排列为三角形，侧单眼与复眼及中单眼间等距。雄虫体长1.5～2.6毫米。体色及刻纹与雄虫相似。其区别主要为触角及腹部，触角除梗节基部黑色外，其余为皆黄褐色；腹柄扁平，长大于宽。

卵：纺锤形，长0.2毫米左右，一端具有两倍于卵体长的细柄，卵体无色透明。

幼虫：体长2.80～3.80毫米，平均3.35毫米。体乳白色，弯曲，具褐色大颚。

蛹：体长2.80～4.00毫米，平均3.35毫米。第1代2.10～2.50毫米，平均2.30毫米。

生物学特性：

刺槐种子小蜂在北京、陕西1年发生2代，以第2代幼虫在种子内越冬。各虫态的出现及终止期各年略有差异。越冬代幼虫于5月上中旬开始化蛹，中下旬出现成虫并同时产卵。幼虫出现期为5月下旬至6月上旬，6月中旬第1代幼虫开始化蛹，6月下旬至7月上旬出第1代成虫。第2代幼虫的出现期是6月下旬至7月中旬，并以此代幼虫在种子内越冬。成虫羽化多集中在清晨至中午，以上午10时最多。成虫羽化的当日即可交尾产卵，夜间不活动，飞翔力弱。越冬代成虫寿命2～8天，第1代2～6天。一粒种子中多为一头幼虫，极少数有两头。幼虫不转移，一生仅为害一粒种子。蛹期长短因世代而异。越冬代平均蛹期11.1天。第1代蛹期平均5.5天。蛹初期乳白色，最后变为黑色。

3.防控方法

加强检疫：防止远距离调运传播。

播种前用开水烫种的方法：可将种子内的幼虫全部杀死。

在成虫期：可施放杀虫烟剂。

（四）象甲类

1.基本情况

象甲是鞘翅目，象甲科昆虫的简称，亦称象鼻虫，约有60000种。喙突出，形似象鼻，因此而得名。多数象甲触角长，喙突出，有专门的沟以容纳触角，体表多被鳞片覆盖。幼虫和成虫均以植物为食，大部分种类蛀入植物组织内，食叶或钻蛀茎、根及果实、种子，有的卷叶或潜入叶组织，危害严重。

2.主要代表种：栎实象（栎实象虫、栎三纹实象）

主要分布：分布于华东、华中、华南、华北、东北、西北等地，为害壳斗科植物。幼虫蛀食果实，影响种子发芽，并引起种子发霉腐烂，一般被害率为50%左右。

形态特征：

成虫：体长6～10毫米，棕黄色，头管细长而前端稍向下弯曲。前胸有3条纵纹，翅鞘中部稍后处有1条不明显的色带。

卵：乳白色，椭圆，长约1.5毫米。

幼虫：乳白色，头部褐色，疏生短毛，气门明显，体多皱褶，前后端向下弯曲，老熟幼虫体长11～13毫米。

蛹：灰白色，体长约12毫米。

生物学特征：

每年发生1代，少数两年1代，以老熟幼虫在土内深10～25厘米处作土室越冬，次年7月中下旬化蛹，成虫于8月上旬至9月下旬出现。成虫白天活动，取食花、嫩枝、幼果补充营养，在幼果表皮咬产卵孔，每孔产1～3粒，每头雌虫可产卵25粒左右。卵于8月中旬孵出幼虫，在种壳内从胚乳表层向果蒂方向取食，形成一条扁形黑色蛀道，内充满粉状虫粪。被害栎实果蒂上有一黑色小点，其周围有淡晕，与健康种子极易区别。当种子成熟落地时，幼虫大多2龄，继续在落果内为害胚乳。幼虫共4龄，约在9月下旬至11月上旬老熟，在种壳上咬一圆孔出果入土越冬。幼虫自孵化至成熟约需1个月，其脱果期往往是种子采收贮存期，因此在栎实堆积和贮存场所均有大量越冬幼虫存在。有些幼虫在越冬后有滞育现象，延迟到第3年才化蛹。此虫通常喜为害孤立木及林缘木，老树及稀疏纯林受害较重。

3.防控方法

温水浸种：种子浸入50～55℃温水中15～30分钟，烫死幼虫，浸种后应及时晾干再贮藏，种子的发芽率不受影响。

药剂熏蒸：在采种区，能短期内收集大量种子的地区，可将种子集中处理。

药物喷雾：成虫出现期对树冠喷洒杀虫剂，如辛硫磷、菊酯类等杀虫药。

第六章　林业主要病害及综合防控

第一节　林木种子和苗木病害

一、概要

种子和苗木的健康状况直接影响营林质量，有病的种子既降低了使用价值，也降低了繁育质量，一方面降低出苗率，一方面造成苗木生长不良。病害会造成苗木大量死亡，甚至使育苗完全失败。如果不进行严格检疫，许多苗木病害还将传带到造林地，引起病害，降低造林的质量。苗木的病害除少数外，几乎都见于大树。但是，同样的病害，当发生在苗木上的时候，所造成的损失往往要严重得多。例如杨黑斑病和锈病，在大树上通常是无足轻重的，可是如发生在幼苗上则会严重妨碍生长，直至造成死亡。幼苗易于受害的原因主要是由于组织幼嫩，对病害的抵抗力弱。另一重要原因是幼苗植株体积小，受病部分的面积往往占全植株面积的比重很大。如刚出土的幼苗，一个不大的病斑就可能环割幼茎，毁坏大部分的叶片或幼根。同时，苗圃的生态条件也适于病害的流行。因为在苗圃中，植株密集，又易受暴干暴湿和骤冷骤热的影响，很适于病菌的传播和侵染。

种子的病害主要是霉烂问题。在苗圃中，目前发生为害最大的病害是针叶树苗木猝倒病。

引起病害的病原菌种类繁多，而且基本上都是些土壤习居菌，对环境适应性强，分布地区广泛，很不易根除。其他如茎腐病、根癌病、线虫病、叶斑病、锈病、白粉病，以及某些生理性病害，在不同的场合下也可能引起严重损失。

二、主要代表类型

（一）种实霉烂

1.分布及为害

世界各国普遍为害。

2.症状

多数是在种皮上生长各种颜色的霉层或丝状物，少数为白色或黄色的蜡状菌。霉烂的种子一般都具有霉味。生有霉层的种子多数显湿变成褐色。切开种皮时，内部变成糊状，有的仍保持原形，只有胚乳部分有红褐色至黑褐色的斑纹，也有形状颜色无变化的。

3.病原

引起种实霉烂的病原多半是藻状菌纲和半知菌纲的真菌，据报道约有80种。少数为细菌。它们都是靠空气传播的腐生菌类。

4.种子霉烂的发展规律

绝大多数的霉烂菌类是表面携带的。这些菌类普遍存在于各种容器、土壤、水、空气和库房里，种子和这些菌类接触的机会很多。成熟的种实，由于各种原因，特别是采收和贮藏不当，不但造成各种伤口有利于病菌侵入，而且老熟的种皮或种壳易为病菌扩展创造条件。同时如果种实贮藏时含水量太高或贮藏中受潮，使库内湿度增加，加之库内种实密集，病害发展更加迅速。种实霉烂菌的生长温度，一般以25℃左右为最适宜，但低于或高于这个温度时也可以生长繁殖，因此在贮藏库里，温度条件较易满足，在这种情况下，湿度往往成为发生霉烂的主要环境因子。

5.防治措施

及时采收，采收时避免损伤。

贮藏前种子应适当干燥，仓库内温度以保持在0～4℃最为合适，并保持通风。

保持库内卫生，进行消毒处理，以减少病菌。

种子催芽时，最好消毒。

（二）苗木猝倒病

1.分布及为害

苗木猝倒病，也叫立枯病。在针叶树种中，除柏类较抗病外，都是感病的，此外也为害香椿、臭椿、榆树、杨、银杏、桦树、桑树、木荷、刺槐等阔叶树种的幼苗和多种农作物。全国各地的针叶树苗圃都普遍发生。幼苗死亡率很高,严重时往往达50%以上。幼苗在不同的发病时期表现出不同的症状。

2.症状

病害多在4～6月间发生。因发病时期不同,可出现四种病状。

种芽腐烂:播种后,土壤潮湿板结,种芽出土前被病菌侵入,破坏种芽的组织,引起腐烂,地面表现缺苗。

茎叶腐烂:幼苗出土期,若湿度大或播种量多,苗木密集,或揭除覆盖物过迟,被病菌侵染,幼苗茎叶黏结,使茎叶腐烂。若不倒伏则又称立枯病。

幼苗猝倒:幼苗出土后,扎根时期,由于苗木幼嫩,茎部未木质化,外表未形成角质层和木栓层,病菌自根茎侵入,产生褐色斑点,病斑扩大,呈水渍状。病菌在苗颈组织内蔓延,破坏苗茎组织,使苗木迅速倒伏,引起典型的幼苗猝倒症状。

苗木立枯:苗木茎部木质化,病菌难以从根茎侵入。病菌从根部侵入,使根部腐烂、枯死,但不倒伏,称苗木立枯病。

3.病原

引起苗木猝倒病的原因有非侵染性和侵染性两类。非侵染性病主要由于地面积水,覆土过厚,表土板结或地表温度过高灼伤根颈。侵染性病原主要是真菌中的镰刀菌、丝核菌和腐霉菌,偶尔也可由交链孢菌和多毛孢菌引起。

4.发病规律

主要发生在1年生以下幼苗上,特别是出土到一个月的苗木发生最重。也与前作植物、连雨操作、圃地土质、肥料质量和播种时间等有密切关系。

5.防治措施

用新开山地育苗,苗木不连作,土中病菌少。

地下水位过高或排水不良的地方不要用作育苗。

进行土壤消毒,播种前,圃地应进行三犁三耙,深耕细整。酸性土壤上,结合整地,每亩撒20～25千克生石灰或用药剂处理土壤。

合理施肥,垃圾肥和堆肥可能带菌,应堆置发酵,腐熟后才能使用。

要进行种子消毒。

采取适时播种。

幼苗发病的处理:幼苗发病后,用药剂灌根或喷雾。每隔10～15天一次。

第二节　林木叶部和果实病害

一、概要

林木的叶部病害是一类最普遍的病害。若以林木的器官来划分，叶病的种类要远远超过其他器官病害。一般情况下，叶病对林木总的健康状况影响不明显，至于因叶病而死亡的成年林木则更属罕见。叶病的主要类型有畸形、花叶、斑点病、锈病、白粉病、煤污病等。病害的直接后果是提早落叶。林木受害的大小，可以根据提早落叶的数量和时间来判断。

叶部病害的发展具有明显的年周期性。叶病的初侵染来源主要有病落叶、病害的枝条和病斑内越冬芽及带病毒或类菌质体的昆虫等。叶病对于幼苗、幼林、果树、经济林木以及行道树和公园树木可能造成严重危害，必须认真对待。

二、主要代表类型

（一）松落针病

1.分布及为害

松落针病是世界闻名的病害，在我国各地均有分布。针叶树种寄主包括多种松树，从幼树到大树皆可得病，以幼树及中龄林受害较重。病害严重时，造成树木提前落叶，影响生长。

2.症状

因树种不同而稍有差异。在马尾松上最初出现很小的黄色斑点或斑段，至晚秋全叶变黄而脱落。在油松针叶上则看不见明显的病斑，针叶的颜色由暗绿变为灰绿，以后变为红褐色而脱落，落下的病叶后变为灰褐色或灰黄色。病菌通常为害2年生针叶。病菌在落叶中越冬。通常至第二年春，各种针叶上都会产生典型的后期症状，即先在落叶上出现纤细黑色横线，将针叶分割为若干段，在二横线间生黑色长椭圆形小点，此后产生较大的黑色长圆形突起的小点，具油漆光泽，中央有一条纵裂缝，即为病菌的子囊盘。

3.病原

病原菌为松针散斑壳，属于子囊菌的柔膜菌目。

4.发展规律

病菌以菌丝体（或子囊盘）在病落针叶上过冬后，第二年3～4月间形成子囊盘，4～5月起子囊孢子陆续成熟；在雨天或潮湿的条件下，因子囊盘吸水膨胀而张开，露出乳白色的内含物——子囊群；子囊孢子从子囊内挤出后进一步借气流传播。病菌由针叶气孔侵入，经2个月左右的时间，才出现明显的症状。因子囊孢子放射时间很长，达3个月左右，自春至夏都可能有新的侵染发生。如果降水量大，湿度高，则不仅有利于病菌孢子的飞散，而且有利于其侵入，因而能促进病害的发生。另外，松落针病的发生与树木生长状况密切相关。一切能够影响树木水分供应平衡和降低针叶细胞膨压的因素，都可能促进病害的发生。

5.防治措施

加强抚育管理，使林木生长旺盛，增强抗病力。

清除病叶，以减少侵染来源。

在子囊孢子成熟飞散期间，喷洒波尔多液、石硫合剂、代森锌等2～3次。或每年5～8月和8～9月施放烟雾剂防治。

（二）核桃细菌性黑斑病

1.分布及为害

该病群也称为核桃黑。河北、山西、山东、江苏等核桃产区均有发生。一般被害株率达60%～100%，果实被害率达30%～70%，核仁减重可达40%～50%，被害核桃仁的出油率减少近一半。此病的发生往往与核桃举肢蛾的为害有关，因而更成了核桃生产上的重要威胁。

2.症状

病害发生在叶、新梢及果实上，先在叶脉处出现圆形或多角形的小褐斑。其后在叶片各部及叶柄上也出现病斑。在较嫩的叶上病斑往往呈褐色，多角形、较老的叶上病斑往往呈圆形。中央灰褐色，有时外围有一黄色晕圈，中央部分有时脱落，形成穿孔。枝梢上病斑长形，褐色，严重时因病斑扩展包围枝条而使上段枯死。果实受害后，起初在果表呈现小而微隆起的褐色软斑，以后则迅速扩大，并渐下陷，变黑，外围有一水状晕纹。腐烂严重时可达核仁，使核壳、核仁变黑。

3.病原

此病由细菌Xanthomonas juglandis（Pierce）Dowson所致。

4.发展规律

细菌在受病枝条或茎的老溃疡病斑内越冬。第二年春天借雨水的作用传播到叶上，并由叶上再传播到果上。由于细菌能侵入花粉，所以花粉也可以成为病原的传播媒介。细菌从皮孔和各种伤口侵入。核桃举肢蛾造成的伤口，日灼伤及雹伤都是该种细菌侵入病斑的途径。昆虫也可能成为细菌的传播者。一般说来，核桃最易感病的时期是在展叶期及开花期。雨后会迅速蔓延。干旱不利于发病。

5.防治措施

及时清除病叶、病果，注意林地卫生。核桃采收后，脱下的果皮应予处理。病枝梢应及时剪除。捡拾落地病果，集中深埋或销毁，减少果园内病菌来源。

改进采收核桃方法，减少竹竿或棍棒击打造成的伤口。

加强管理，增强树势，提高抗病力。

春天展叶前喷药预防。

选育抗病品种。

第三节　林木枝干病害

一、概要

枝干病害的危害性很大，无论发生在幼年或成年林分中，都严重地影响植株的生长，甚至带来毁灭性的后果。在我国，杨、柳、苹果的腐烂病，松类的疱锈病，泡桐、枣、桑的丛枝病每年都造成林木的大量死亡。枝干病害包括锈病、烂皮（腐烂及溃疡）、枝枯、丛枝、肿瘤、萎蔫、流胶、寄生性植物病害等类型。其中以真菌引起的锈病、腐烂病和类菌质体所引起的丛枝病最为严重。

病原物侵入枝干的途径因病原物种类而异，主要的途径有下列几种：一是伤口。绝大多数引起腐烂、溃疡、枝枯、萎蔫的病菌，青枯病细菌、类菌质体等，往往都须通过机械伤、虫伤、冻伤、日灼伤、断枝、修剪伤等各种伤口入侵。二是从死组织过渡到活组织。如引起松烂皮病的铁锈薄盘菌。三是皮目（皮孔）。四是直接入侵。如菟丝子和桑寄生等病原物。五是针叶侵入。

许多枝干病害的流行都与树木的生长状况有紧密的联系，特别是皮腐类型（腐烂、烂皮、溃疡病等）的病害，病原菌都是寄生菌，病害一般都是在植株受旱、遭受冻害、刚刚定植或者在林内受压等使生命活力降低的情况下流行起来的。

病原物侵入寄主枝干后，都需经较长的时间才使得植物发病。在自然条件下，枝干病的潜育期较叶部病害为长，一般多在半个月以上。松类的干锈病，自病原从针叶侵入至枝干上出现明显的黄疱症状，往往须经2～3年时间。病原物在枝干内是多年存活的，并逐年扩展其范围，直至被害部分死亡或整个植株死亡。因此，被害的植株便成了枝干病害每年初侵染的来源。

林木枝干皮层具有愈合复原的能力。在抗病力增强或人为治理的情况下，病部皮层可形成愈合组织，阻止病菌的继续扩展，病原被抑制，病植株得以恢复健康状态。但是，如果环境条件恶化，寄主抗病力下降，病原物往往突破愈合组织继续向外扩展。

二、主要代表类型：杨树腐烂病

1.分布及为害

杨树腐烂病又称烂皮病，国内外分布很广，我国黑龙江、吉林、江苏、内蒙古、河北、山西、陕西、新疆、青海等杨树栽培地区都有发生，也为害柳树、板栗、槭、樱、接骨木、花楸、桑树、木槿等木本植物。常引起林木大量枯死。

2.症状

杨树腐烂病主要发生在树干及枝条上，表现为干腐及枯梢两种类型。干腐型主要发生在主干、大枝及树干分杈处。发病初期病部呈暗褐色，皮层组织腐烂变软，用手压之有水渗出。以后病斑失水，树皮便干缩下陷，有时呈龟裂状。新斑边缘明显。病斑纤维细胞分离，并易与木质部分开。腐烂部位有时可深达木质部。当病斑迅速扩展并绕杆一周时，由于输导组织破坏，导致病部以上枝条死亡。但如环境条件对树木生长有利，则病斑的周围长出愈合组织，阻止病斑的进一步扩展。枝梢型主要发生在1～4年生幼或大树枝条上，发病初期呈暗灰色，病部迅速扩展，环绕枝一周后枝条便死亡，后期住病枝上形成很多散生的分生孢子器，并在死亡的枝条上形成多子囊壳。

3.病原

子囊菌纲球壳菌目的黑腐皮壳属真菌污黑腐皮壳菌引起。

4.发展规律

病菌以子囊壳、菌丝或分生孢子器在植物病部越冬。孢子借气流传播，雨水和昆虫也有一定的传播作用。病菌通过各种伤口侵入。3～4月开始活动，各地区气温不同，发病迟早和侵染次数也不同。该菌是一种弱寄生菌，它只能侵染生长不良、树势衰弱的树木。病害的潜育期一般6～10天。病菌先在死枝、死节、冻伤、死皮或其他各种衰弱的部位上生活，并逐渐对活组织进行侵染。移栽时根系受到损伤，移栽后生长弱，而且容易造成伤口，因此腐烂病发生严重。该病的发生与树种、树龄、林带结构、方位、密度等有密切关系。幼树，特别是6～8年生的幼树发病较重。防护林、片林的边行，尤其是迎风的边行，发病都较重。郁闭度在0.7以下的片林发病亦较重。

5.防控措施

防止插条贮藏期间侵染，贮于2.7℃以下的阴冷处。

移栽时应避免伤根或碰伤树干；移栽后及时灌水，保证及时成活。

科学整枝、修剪应逐年进行，及时用保护剂涂伤口。剪下的病枝及时运走和处理。

早春，树体喷洒石硫合剂等，以便铲除菌源。

营造防护林带时，在迎风的边行外栽小灌木保护。

对病树加强管理，砍去病枝或刮除病部并涂药。

第四节　林木根部病害

一、概要

林木根部病害种类不多，但往往造成毁灭性为害。我国已有的林木根病，主要见于苗木。其他如紫根病、杉木黄化病、油桐枯萎病和橡胶的几种根病也较常见。根病的症状表现于地下部分，主要是形成瘿瘤、毛根或皮层腐烂。腐烂的皮层与木质部间常出现片状、羽状或根状的白色或紫色的菌索。地上部分通常起初表现为叶片色泽不正，呈淡绿色；继之放叶延迟，叶形变小，提前落叶，容易发生萎蔫等现象；最后是全株枯死，整个发病过程往往是渐进的。从初现症状至枯死有时能延续数年之久。

根病主要是由真菌、细菌和线虫引起的。病害的传播方式与林木地上各部分的病害颇有不同。风对根病的传播几乎是不起作用的。而在较小范围内，病原物的主动传播和水流传播起着决定性的作用。根部互相接触也是根病传播的一种重要方式。因传播方式的限制，根病的传播速度与枝、叶病害比起来，通常是很缓慢的，在林地上的扩展距离每年不过数米或数十米。可是，由于林木的多年生习性，即使通过上述这样极慢的传播，经过多年之后，扩展开来，也会造成大面积的侵染。

防治较其他病害困难。这一方面是由于病害在地面下发展，初期不易发现，因而失去了早期防治的机会，至地上部分表现出明显的症状，往往已是病害的后期，来不及治疗了。另一方面的困难在于根病与各种土壤因素的关系极为密切，侵染性根病与生理性根病极易混淆。

所以，不管是什么原因致死的根，诊断时总会分离出一些微生物。还有一种情况，当根部由于病菌的侵袭而削弱或致死以后，往往为其他微生物创造了生存条件，因而代替真正的病原物盘踞在根组织中，或与病原物相并存。所有这些都为病原的确定制造了不少困难，很容易把腐生物或非主要病原物误诊为真正的病原物。因此，在根病防治中，首先必须注意解决早期诊断的问题，才能及时地有针对性地采取措施。

根病的发生与土壤的理化性状有密切的联系。积水、干旱、板结、贫瘠等可以直接使植物生长受阻，许多侵染性病害也是在这种状况下发生和加剧的。

二、主要代表类型：林木根朽病

1.分布及为害

由蜜环菌所引起的林木根朽病是世界上分布最广的一种重要根病。据记载，蜜环菌所能侵染的针、阔叶树种达200种以上，不论老年或幼年林木都可能受害，引起林木根系和根颈部分的皮层和木质部腐朽，最后枯萎死亡。

2.症状

严重感染蜜环菌的林木，地上部分的症状表现常常是树叶变黄、早落或是叶部发育受阻，叶形变小，枝叶稀疏，有时枝条表现干枯死亡。病株根部的边材和心材部分都产生腐朽。在腐朽初期，病部表现暗淡的水浸状，后来转呈暗褐色。到腐朽后期，腐朽部分呈淡黄色或白色，柔软，海绵状，边缘有黑色线纹。秋季，在即将死亡或已经死亡的病株干基部分及周围地面，常出现成丛的蜜环菌的子实体。

3.病原

林木根朽病的病原为担子菌纲伞菌目的蜜环菌。

4.发病规律

大量担孢子成熟后，随气流传播，飞落在林木残桩上。在适宜的环境条件下，担孢子萌发，长出菌丝体，从树桩向下延伸至根部，又从根部长出菌索，在表土内扩展延伸，这些菌索看起来像黑色鞋带，内部组织有明显的分化。当菌索顶端接触到活立木根部时，沿根部表面延伸，长出白色菌丝状分枝，以机械和化学的方法直接侵入根内，或者通过根部表面的伤口侵入。侵入立木根部组织的菌丝体，在形成层内延伸直达根颈，然后又蔓延到主根及其他侧根内。在受害根部皮层与木质部间形成肥厚的白色扇形菌膜，并从已经死亡的根部长出新的菌索来。当菌丝体在受害林木根颈部分形成层内引起环割现象后，林木便很快枯萎死亡。随着病株的衰亡，干基部分出现树皮干裂并剥离主干的现象。病原菌从根部沿主干向上延伸，引起干基腐朽，在皮层内木质部表面常能见到网状交织的菌索。在温暖潮湿季节，主干上的菌索也能向下延伸到地面，转移到邻近的活立木根部进行侵染。生长健壮的林木能抵抗蜜环菌的侵染。受其他不良环境因素（如干旱、冻害、食叶及根干害虫的侵害等）影响而衰弱的林木较易感染根朽病。各种树龄的林木都能受害。新采伐的迹地上，由于有大量新伐树桩的存在，为蜜环菌的滋长繁殖提供极为有利的条件，如营林措施不当，根朽病可能严重发生。

5.防控措施

通过科学的营林措施促进林木生长健壮。

发病初期，挖沟隔离中心病株或中心病区，并将病区内所有的林木加以清除。

在伐区内，清理残桩，可用火烧法或环状剥皮。

发现初期，用化学药物灌根。

第七章　其他有害生物防控

第一节　有害植物及防控

一、概要

中国林业有害植物中，外来有害植物的种类较多。有害植物主要集中在禾本科、桑寄生科、豆科和菊科（每科超过10种），其他相对重要的有苋科、藜科、大戟科、葡萄科、旋花科、唇形科、茄科（每科超过5种）。由于经济全球化和国际贸易的发展，外来有害生物入侵已成为全球共同面对的问题。近年来，我国林业有害植物的危害逐年加剧，呈现出不断扩散蔓延的趋势，尤其是外来入侵的林业有害植物的日趋猖獗，已经对我国森林生态系统、湿地生态系统、荒漠生态系统以及生物多样性构成不同程度的危害，对我国生态建设和经济可持续发展造成严重威胁。目前，我国入侵植物至少有300多种，每年造成的经济损失达数亿元。陕西省目前没有严重灾害，但危害较大的本地植物也有，如黄花蒿、狗尾草、菟丝子等，尤以菟丝子为最。

二、主要代表种：菟丝子

1.主要分布

分于黑龙江、吉林、辽宁、河北、山西、陕西、宁夏、甘肃、内蒙古、新疆、山东、江苏、安徽、河南、浙江、福建、四川、云南等地。

2.病原

1年生寄生草本。茎缠绕，黄色，纤细，直径约1毫米，无叶。花序侧生，少花或多花簇生成小伞形或小团伞花序，近于无总花序梗；苞片及小苞片小，鳞片状；花梗稍粗壮，长仅1毫米；花萼杯状，中部以下连合，裂片三角状，长约1.5毫米，顶端钝；花冠白色，壶形，长约3毫米，裂片三角状卵形，顶端锐尖或钝，向外反折，宿存；雄蕊着生花冠裂片弯缺微下处；鳞片长圆形，边缘长流苏状；子房近球形，花柱2，等长或不等长，柱头球形。蒴果球形，直径约3毫米，几乎全为宿存的花冠所包围，成熟时整齐地周裂。种子2~49粒，淡褐色，卵形，长约1毫米，表面粗糙。

3.症状特点

苗木和花卉均可受菟丝子寄生危害。花卉苗木受害时，枝条被寄生物缠绕而生缢痕，生育不良，树势衰落，观赏效果受影响，严重时嫩梢和全株枯死。成株受害，由于菟丝子生长迅速而繁茂，极易把整个树冠覆盖，不仅影响花卉苗木叶片的光合作用，而且营养物质被菟丝子所夺取，致使叶片黄化易落，枝梢干枯，长势衰落，轻则影响植株生长和观赏效果，重则致全株死亡。

4.防治方法

加强栽培管理：结合苗圃和花圃管理，于菟丝子种子未萌发前进行中耕深埋，使之不能发芽出土（一般埋于3厘米以下便难以出土）。

人工铲除：春末夏初检查苗圃和花圃，一经发现立即铲除。在菟丝子发生不严重的地方，在种子未成熟前彻底拔除，减少侵染源。

喷药防治：在菟丝子生长的4~9月间，于树冠喷施除草剂，最好喷2次，隔10天喷1次。

第二节 鼠兔害及防控

一、概要

森林鼠兔害是我国森林重大生物灾害之一，年均发生面积约占森林病虫鼠害总面积的1/8。森林鼠兔危害较大的约有20种，依据其对林木的危害部位，可大致分为危害根系的地下鼠，主要有中华鼢鼠等；危害枝干的地上鼠，主要有东方田鼠等。

二、防治方法

可参照《林业鼠害防治对策与技术措施》和《林业兔害防治技术》（国家林业局制定）。

附　录

附录一
我国主要林业有害生物防治标准

（参考《林业有害生物防治标准化》）

一、林业植物及其产品调运检疫规程

二、林业检疫性有害生物调查总则

三、检疫性有害生物疫情报告、公布和解除程序

四、松材线虫病有关标准

五、美国白蛾检疫技术规程

六、青杨脊虎天牛检疫技术规程

七、杨干象检疫技术规程

八、林业植物产地检疫技术规程

九、红脂大小蠹检疫技术规程

十、黄脊竹蝗防治技术规程

十一、油松毛虫、赤松毛虫和落叶松毛虫监测与防治技术规程

十二、马尾松毛虫监测和防治技术规程

十三、林业有害生物发生及成灾标准

十四、管氏肿腿蜂人工繁育及应用技术规程

十五、白蛾周氏啮小蜂人工繁育及应用技术规程

十六、便携式脉冲烟雾机使用安全规程

十七、采用国际标准制定的国家标准

附录二
重要林业有害生物防治技术规范性文件方案目录
（参考《林业有害生物防治标准化》）

一、杨树星天牛监测、预测预报办法（试行）

二、春尺蛾监测、预报办法（试行）

三、森林害鼠（鼠兔）监测、预报办法（试行）

四、日本松干蚧监测、预报办法（试行）

五、蜀柏毒蛾监测、预报办法（试行）

六、湿地松粉蚧监测、预报办法（试行）

七、杨树舟蛾监测、预报办法

八、松树蛀干害虫监测、预报办法

九、美国白蛾防治技术方案

十、杨树食叶害虫防治技术方案

十一、杨树天牛防治技术方案

十二、红脂大小蠹防治技术方案

十三、纵坑切梢小蠹防治技术方案

十四、沙刺木蠹蛾防治技术方案

十五、栗山天牛防治技术方案

十六、松图圆蚧防治技术方案

十七、舞毒蛾防治技术方案

十八、云杉八齿小蠹防治技术方案

十九、苹果蠹蛾防治技术方案

二十、林业鼠害防治对策与技术措施

二十一、林业兔害防治技术方案

二十二、森林病虫害综合治理工程项目建设标准

附录三
松材线虫病防治技术方案
（2021年版）

1 总体要求

坚持"预防为主、治理为要、监管为重"的防控理念，按照重点拔出、逐步压缩、全面控制的目标要求，实行分区分级管理、科学精准施策，以疫情监测、疫源管控、疫情除治为重点，控制增量，消减存量，有效遏制疫情严重发生和快速扩散势头。科学制定防治方案，合理选择相应防治技术措施。鼓励因地制宜创新防控技术措施（疫木除害处理措施除外），经省级林业和草原主管部门论证确认后可试点推广，并报国家林业和草原局备案。

2 疫情监测普查

2.1 日常监测

主要任务是及时发现、准确鉴定、及时报告疫情。

2.1.1 监测范围。未发生疫情的松林（小班、散生松林）。电网和通信线路沿线，通信基站、公路、铁路、水电等建设工程施工区域附近，木材集散地周边，自然保护地，以及疫区毗邻地区，应重点加强日常监测。

2.1.2 监测时间。常态化巡查，一般2个月至少巡查一遍。重点区域应加大巡查频次。

2.1.3 监测内容。调查是否出现松树枯死、松针变色等异常情况，取样鉴定是否发生松材线虫病，对确认新发疫情松林小班周边地区进行详查。

2.1.4 监测方法：

（1）地面巡查。依靠生态护林员和乡镇林业工作站、林场等人员队伍以及社会化力量，因地制宜组建监测调查队伍，配备必要的设施设备，以小班为单位进行网格化巡查，观察并记录松树异常情况。

（2）航天航空遥感调查。有条件的地方可应用亚米级卫星遥感影像数据或航空遥感监测数据分析松树异常情况（松树异常无人机和卫星遥感监测技术参数参见附1）。遥感监测发现松树异常后，应立即开展地面核实核查。

各地应积极应用"林草生态网络感知系统松材线虫病疫情防控监管平台"及其移动端监测APP，推进疫情监测调查精细化可视化管理。

2.1.5　取样：

（1）取样对象。应选择尚未完全枯死或者刚枯死的松树，不要选择针叶已全部脱落、材质已腐朽的枯死松树。可参照以下特征选择取样松树：

针叶呈现红褐色、黄褐色的松树。

整株萎蔫、枯死或者部分枝条萎蔫、枯死，但针叶下垂、不脱落的松树。

树干部有松褐天牛等媒介昆虫的产卵刻槽、侵入孔的松树。

树干部松脂渗出少或者无松脂渗出的松树。

（2）取样部位。一般在树干下部（胸高处）、上部（主干与主侧枝交界处）、中部（上、下部之间）三个部位取样。其中，对于仅部分枝条表现症状的，在树干上部和死亡枝条上取样。对于树干内发现媒介昆虫蛹的，优先在蛹室周围取样。

（3）取样方法。在取样部位剥净树皮，用砍刀或者斧头直接砍取100～200克木片；或者剥净树皮，从木质部表面至髓心钻取100～200克木屑；或者将枯死松树伐倒，在取样部位分别截取2厘米厚的圆盘。所取样品应当及时贴上标签，标明样品号、取样地点（须标明地理坐标）、树种、树龄、取样部位、取样时间和取样人等信息。

（4）取样数量。日常监测发现有异常死亡松树的小班，死亡松树数量小于100株的，先取样10株进行检测，如检测到松材线虫，可不再取样；如没有检测到松材线虫，应当继续取样检测，直至死亡松树全部取样检测为止。死亡松树数量大于100株的，如取样100株仍未检测到松材线虫，对超出部分按5%的比例进行抽样检测。如仍未检测出松材线虫，但在日常监测过程中发现异常死亡松树数量增加的，应继续取样检测。重点预防区可视情况增加取样数量。

对已经确认疫情的乡镇，可根据实际工作需要进行取样。

（5）样品的保存与处理。采集的样品应当及时分离鉴定，样品分离鉴定后须及时销毁。样品若需短期保存，可将样品装入塑料袋内，扎紧袋口，在袋上扎若干小孔（若为木段或者圆盘，无须装入塑料袋），放入4℃冰箱，若需较长时间保存，要定期在样品上喷水保湿。

（6）分离鉴定：

①分离：采用贝尔曼漏斗法或者浅盘法分离松材线虫，分离时间一般需12小时以上。将分离液体收集到试管或者烧杯中，通过自然沉淀或者使用离心机处理后进行鉴定。

②鉴定：

形态学鉴定：仅适用于雌、雄成虫，以雌成虫为主。将制作好的玻片置于显微镜下观察其形态，判别是否为松材线虫。若分离的线虫为幼虫，须培养至成虫后进行鉴定。

分子检测：适用于各虫态。

松材线虫分离、培养、检测鉴定的具体方法可参照国家标准《松材线虫病检疫技术规程（GB/T 23476—2009）》进行，或按照分子检测设备使用说明书操作。

（7）疫情确认。首次发现疑似松材线虫病疫情的省级行政区，应当在初检的基础上将样品选送至国家林业和草原局生物灾害防控中心或全国危险性林业有害生物检验鉴定技术培训中心进行检测鉴定确认。

已发生松材线虫病疫情的省级行政区，其辖区内新发的县级和乡镇级疫情由省级林业和草原主管部门确定的省级检测鉴定机构进行检测鉴定确认。

（8）疫情详查。首次发现乡镇级或县级疫情发生区后，以及开展专项普查时，要详细调查疫情发生地点、寄主种类、发生面积（以小班为单位统计，非林地松树的发生面积按实际面积统计）、病死松树数量、林分状况，并对病死松树进行精准定性，绘制疫情分布图和疫情小班分布图。调查死亡松树数量时，需将疫情小班内的濒死、枯死松树和因灾致死松树一并进行调查和统计。新发生疫情的，要开展疫情追溯，查明传入途径和方式等情况。

2.2 专项普查

主要任务是全面掌握疫情发生情况和防控成效，为科学决策和制定下一年度防控工作方案提供支撑。

2.2.1 普查范围。所有松树分布区。

2.2.2 普查时间。每年1次。一般于每年9～11月进行专项普查。各地可根据工作需要开展春季普查。

2.2.3 普查内容。结合日常监测，查清本辖区病死（濒死、枯死、因灾致死）松树数量和疫情发生面积等疫情信息。

2.2.4 普查方法。同日常监测。

2.3　疫情报告

2.3.1　疫情防控监管平台报告。疫情日常监测和专项普查应用"林草生态网络感知系统松材线虫病疫情防控监管平台"及其移动端监测APP，以松林小班为单位实时更新工作动态和疫情数据。经初检疑似新发县级或省级松材线虫病疫情的，应立即通过林草生态网络感知系统松材线虫病疫情防控监管平台报告。

2.3.2　新发疫情书面报告。经检测鉴定确认的新发县级松材线虫病疫情，林业和草原主管部门应当立即按照"应急周报"要求及途径报送基本情况，正式报告由当地人民政府逐级上报至省级人民政府。省级林业和草原主管部门还需将新发县级疫情发生地点、寄主种类、发生面积、病死松树数量等情况以正式文件上报国家林业和草原局（抄送国家林业和草原局生物灾害防控中心）；新发省级疫情，由省级人民政府上报国家林业和草原局（抄送国家林业和草原局生物灾害防控中心）。每级疫情上报时间不超过5个工作日。

2.3.3　普查结果书面报告。地方各级林业和草原主管部门以正式文件向上级林业和草原主管部门和同级人民政府报告普查结果；省级林业和草原主管部门以正式文件于每年11月30日前，将普查结果上报国家林业和草原局（抄送国家林业和草原局生物灾害防控中心），报送内容包括本辖区松材线虫病发生情况、普查工作开展情况，以及松材线虫病普查统计表和松材线虫病发生情况汇总统计表（参见附2、3）。

3　疫情防控

3.1　防治策略

松材线虫病疫情防治坚持科学、精准、系统的治理理念，实施以清理病死（濒死、枯死）松树为核心，以疫木源头管控为根本，以媒介昆虫防治、打孔注药等为辅助的综合防治策略。

3.2　防治方案制定

县级疫情发生区的松材线虫病防治方案由县级人民政府组织制定，经市级林业和草原主管部门审核，报省级林业和草原主管部门审定后组织实施。各地可依据审定的防治方案，同步办理林木采伐许可证。

县级疫情发生区应当根据本省级、市级松材线虫防治方案或者总体规划，结合本县级行政区松材线虫病发生危害情况，以及森林资源、地理位置、林分用途等情况，科学制定防治方案。

防治方案实施前，县级林业和草原主管部门应当根据防治方案组织编制作业设计。作业设计要将防治范围、面积、技术措施和施工作业量落实到小班，并绘制发生分布图、施工作业图表和文字说明。

3.3 疫木除治

3.3.1 择伐清理。指对松材线虫病疫情小班及其周边松林中的病死（濒死、枯死、因灾致死）松树进行采伐的方式。择伐清理包括集中除治和即死即清两种方式。"集中除治"即在冬春季媒介昆虫非羽化期内（一般是当年11月至翌年4月）采伐清理病死（濒死、枯死、因灾致死）松树并进行除害处理；"即死即清"为集中除治后又发现零星死亡松树时，及时采伐并进行除害处理的方式。

适用范围：所有疫情发生林分。其中，"即死即清"方式适用范围由省级林业和草原主管部门根据县级监管、处置能力等实际情况确定，严格禁止在媒介昆虫羽化期内大规模采伐。

作业要求：应当对择伐的松木和采伐迹地上直径超过1厘米的枝杈进行全部清理，并实行全过程现场监管。

采取集中除治方式采伐的松木和直径超过1厘米的枝杈应在疫区内就地就近及时进行除害处理，于媒介昆虫进入羽化期前须全部处置完毕；采取即死即清方式采伐的松木和直径超过1厘米的枝杈必须按照当日采伐当日就地粉碎（削片）或烧毁的要求进行处置。

3.3.2 皆伐清理。指对松材线虫病疫情小班的松树进行全部采伐的方式。

适用范围：原则上不采取皆伐。首次发生疫情的县级行政区内疫情林分（或小班）或当年能够实现无疫情的乡镇级行政区内的孤立小班，经省级林业和草原主管部门按照有关政策要求审定，确认可采取皆伐清理措施的区域。

作业要求：在冬春季媒介昆虫非羽化期内集中进行。皆伐后应当对皆伐的松木和采伐迹地上直径超过1厘米的枝杈进行全部清理，皆伐的松木和清理的枝杈应当在疫区内就地就近及时进行除害处理，实行全过程现场监管。

3.3.3 伐桩处理。伐桩高度不得超过5厘米。

3.3.3.1 覆膜处理：

适用范围：适用于处理期间气温达到药物熏蒸所需温度的地区，原则上重点生态区域禁止使用。

作业方式：剥去伐桩树皮，在伐桩上放置磷化铝片1～2粒，用0.1毫米以上厚度的塑料薄膜覆盖，绑紧后用土将塑料薄膜四周压实。

3.3.3.2　钢丝网罩：

适用范围：适用于所有疫情发生区。

作业方式：使用钢丝直径注≥0.12毫米，网目数注≥20目的锻压钢丝网罩覆盖伐桩，并将钢丝网罩严密固定在伐桩上。

3.3.3.3　剥皮处理：

适用范围：适用于伐桩内无媒介昆虫分布或分布极少的重型疫区，或伐桩内无媒介昆虫分布的轻型疫区，并在科学试验验证的前提下，经省级林业和草原主管部门同意后实施，报国家林业和草原局备案。原则上重点生态区域禁止使用。

作业方式：剥去伐桩树皮。

3.3.4　疫木处理：

3.3.4.1　粉碎（削片）处理：

适用范围：适用于所有区域。

作业要求：就地就近使用粉碎（削片）机对疫木及直径超过1厘米的枝杈进行粉碎（削片），粉碎物短粒径不超过1厘米（削片厚度不超过0.6厘米）。疫木粉碎（削片）处理应当全过程监管。对集中除治和皆伐清理的疫木采取粉碎（削片）处理措施的，仅限在媒介昆虫非羽化期内进行，确保搬运过程疫木不流失、不遗落。

3.3.4.2　烧毁处理：

适用范围：适用于所有区域。

作业要求：就地烧毁采伐清理的疫木及直径超过1厘米的枝杈，实行全过程现场监管，确保用火安全。

3.3.4.3　旋切处理：

适用范围：适用于所有区域。

作业要求：仅限在媒介昆虫非羽化期内进行，确保搬运过程疫木不流失、不遗落。在疫区内就近选择集中处理点，对采伐的疫木进行旋切处理，旋切厚度应小于0.3厘米。木芯和边角料等剩余物必须及时粉碎或烧毁、碳化处理，并进行全过程视频监控。

3.3.4.4　钢丝网罩处理：

适用范围：山高坡陡、不通道路、人迹罕至，且不具备粉碎（削片）、旋切、烧毁等除害处理条件的疫情除治区域。

作业要求：使用钢丝直径≥0.12毫米，网目数≥20目的锻压钢丝网罩严密包裹采伐清理的疫木及直径超过1厘米的枝杈，并进行锁边。

3.3.4.5 除治标识：

除治区域可设置除治标识，内容包括除治地点、除治面积和株数、除治方式、作业单位、监督电话等信息。

3.3.4.6 除治数据采集上报：

各地应积极应用"林草生态网络感知系统松材线虫病疫情防控监管平台"及其移动端监测APP采集并上报疫木除治数据。

3.4 媒介昆虫防治

3.4.1 药剂防治：

适用范围：适用于所有松林分布区，重点生态区域、水源保护地等生态敏感区域谨慎使用。

作业要求：选用高效低毒、环境友好型药剂，根据媒介昆虫的生物学特性、药剂持效期和诱捕器监测结果，选择在媒介昆虫羽化初期、羽化盛期、盛末期或上一次施药防治的药剂持效期末等关键时期开展防治。

3.4.2 立式诱木引诱防治：

适用范围：适用于媒介昆虫1年1代的地区。严禁在疫情小班边缘的松林，以及不具备粉碎（削片）或者烧毁处理条件的区域使用。

作业要求：在当地媒介昆虫羽化前，在松材线虫病疫情除治小班的中心区域选取衰弱松树设为诱木，在诱木胸径部环剥10厘米的环剥带，环剥深度应当至木质部。诱木每10亩可设置1株，对每株诱木进行编号和定位，并于每年冬春季媒介昆虫非羽化期，将诱木伐除并进行粉碎（削片）或者烧毁处理。

3.4.3 打孔注药：

适用范围：适用于需要重点保护的松树或根据防治需要应实施打孔注药的松树。

作业要求：按照药剂使用说明操作。

3.4.4 生物防治：

作业要求：作为媒介昆虫防治的辅助措施使用。因地制宜释放肿腿蜂、花绒寄甲等天敌昆虫或喷施白僵菌、绿僵菌等病原微生物，控制媒介昆虫种群密度。

适用范围：在已撤销或者已经实现无疫情且有希望拔除的疫区，作为巩固防治成效的措施使用；经省级林业和草原主管部门研究论证认为使用生物防治措施的其他区域。

3.5 检疫封锁

3.5.1 地方各级林业和草原主管部门应当加强对辖区内涉木单位和个人的监管，建立电网、通信、公路、铁路、水电等建设工程施工报告制度，完善涉木企业及个人登记备案制度，建立省市县三级加工、经营和使用松木单位和个人档案，定期开展检疫检查。

3.5.2 加强辖区内涉木单位和个人的检疫检查，定期开展专项执法行动，严厉打击违法违规加工、经营和使用疫木的行为。

3.5.3 加强电缆盘、光缆盘、木质包装材料等松木及其制品的复检，严防松材线虫病疫情传播危害。

4 防治成效检查

4.1 疫木除治质量检查

4.1.1 检查时间。一般在每年6月底前完成，在疫木除治期间应开展抽查及"回头看"检查。

4.1.2 检查内容。主要包括：年度除治任务完成情况，除治作业区病死（濒死、枯死）松树情况，疫木清理和除害处理情况，除治迹地周边居民房前屋后薪材、木材存放情况，疫木除治监管情况，检疫封锁情况及宣传情况等。此外，实施社会化防治的还需检查施工情况等。

4.2 防治成效检查

4.2.1 检查时间。秋冬季，可结合秋季普查结果复核工作进行。

4.2.2 检查内容。检查除治区内松材线虫病疫情发生、媒介昆虫防治、疫木除治、疫木监管、检疫封锁等情况，并对照上年度秋季疫情发生情况，评价年度防治成效。

4.3 检查方法

按照县级自查、市级复查、省级核查的要求，采取现场和内业相结合的方式开展检查。其中，县级自查要覆盖所有疫情小班，市级复查要覆盖所有疫情发生乡镇，省级核查要覆盖全部县级疫情发生区。自查、复查、核查等可采取购买服务形式开展。

县级林业和草原主管部门应结合实际情况，制定检查验收方案。省级林业和草原主管部门应制定相应的检查评价办法。

5 档案管理

松材线虫病预防和除治工作中应当建立和完善档案资料，并妥善保管。主要包括：

（1）政府和主管部门制定印发的松材线虫病相关文件、防治方案、防治经费文件以及相关会议资料等。

（2）松材线虫病疫情监测、普查、取样、检测鉴定等工作台账。

（3）辖区内检疫检查、涉木企业及个人登记备案等情况。

（4）松材线虫病疫情除治作业、疫木监管等情况。

（5）松材线虫病疫情除治现场图片、影像等资料。

（6）松材线虫病防治成效检查验收、工作总结等。

附：1.松树异常无人机和卫星遥感监测技术参数

2.松材线虫病普查统计表

3.松材线虫病发生情况汇总统计表

4.松材线虫病防治方案编写式样

附1

松树异常无人机和卫星遥感监测技术参数

一、无人机遥感监测技术标准参数

（一）无人机多光谱遥感监测技术标准参数

1.光谱相机技术参数

内 容	参 数
光谱范围	400纳米（含）～900纳米（含）
光谱通道	不低于4个（含4个）
光谱分辨率	不低于40纳米
空间分辨率	不低于1毫弧度（等效值）
视场大小	≥40°×30°
像素位数	不低于12比特（含12比特）
环境光校正	环境光传感器同步辐射校正

2.无人机飞行质量要求

项 目	参 数	
航速要求	Ⅱ类多旋翼	5～7米/秒
	Ⅲ类多旋翼	8～10米/秒
	Ⅱ类固定翼	18～20米/秒
	Ⅲ类固定翼	20～22米/秒
重叠图要求	推荐重叠度	航向75%
		旁向65%
	最低重叠度	航向70%
		旁向60%
航 高	作业高度	真高≤400米
	测区高差	高差≤150米

3.拍摄影像质量

项　目	参　数
分辨率	有效图像全局平均分辨率优于20厘米
图片质量	影像清晰，层次丰富，反差适中，色调柔和
像点位移	≤3个像素
拼图质量	拼接影像无明显模糊、重影和错位现象
光谱通道空间配准误差	不大于1个像素

4.正射影像质量

项　目	参　数
比例尺	正射影像图比例尺1∶5000
坐标体系要求	CGCS2000
图片质量	像素清晰，层次丰富，反差适中，色调柔和，所有枯死松树清晰可辨别

（二）无人机可见光遥感监测技术标准参数

1.无人机飞行质量及数量

项　目	参　数
航向重叠度	70%～85%
旁向重叠度	60%～80%
倾　角	≤7°
旋　角	≤15°
飞行高度	真高≤2000米
作业高度	真高≤2000米
飞行高差	实际航高与设计航高误差≤50米
测区高差	高差≤150米

2.拍摄影像质量

项　目	参　数
分辨率	图像分辨率10厘米
图片质量	影像清晰，层次丰富，反差适中，色调柔和
像点位移	≤3个像素
拼图质量	拼接影像无明显模糊、重影和错位现象

3.正射影像质量

项 目	参 数
比例尺	正射影像图比例尺1∶1000
坐标体系要求	CGCS2000
图片质量	像素清晰，层次丰富，反差适中，色调柔和， 所有枯死松树清晰可辨别

二、卫星遥感监测技术标准参数

（一）影像数据标准

1.影像数据：选择亚米级高空间分辨率多光谱卫星遥感影像，传感器必须拥有蓝、绿、红、近红外4个多光谱波段，多光谱波段分辨率不超过2米，全色波段为可选配置，全色波段分辨率不超过1米。

2.影像时像：根据辖区内气候条件和植被生长情况确定影像时像（松材线虫病变色立木明显变色期），多数发生区集中变色发生在9～10月。

3.影像质量：集中云层覆盖面积小于5%，分散云层的覆盖总面积少于10%；影像层次丰富、色彩明晰、色调均匀、反差适中；影像数据不存在条带、斑点噪声、行丢失等问题。

（二）影像处理标准

1.影像预处理：原始影像必须经过辐射校正、几何校正和正射校正等预处理后才能使用。对于拥有全色波段的影像需要进行融合处理，分别提供融合前和融合后的影像。

2.影像精校正：在地形平坦或地形起伏微弱地区（相对高差不超过50米，坡度在5°以下），采用1∶50000地形图或地面控制点进行几何精校正；在丘陵或山区（相对高差不超过50米，坡度在5°以下），采用1∶50000地形图生产的DEM，结合地面控制点数据对影像进行正射校正。对于无法获得相关参数进行正射校正的地区，采用多项式纠正模型进行几何精校正。

3.影像信息增强：对高空间分辨率卫星遥感影像进行线性拉伸，增强后图像直方图应该跟原始数据直方图相同；构造NDVI、NGRDI等其他相关植被指数新波段，扩增卫星遥感影像呈现灾害信息的波段维数；采用不同的波段组合、增强方式，确定最佳的遥感影像灾害显示状态。

附2

松材线虫病普查统计表

填表单位：_____   填表日期：____年____月____日

县级行政区名称	松林面积（万亩）	调查面积（万亩）	死亡松树数量（株）	取样株树（株）	是否检测出松材线虫病
合计					

填表人：   审核人：

附3

松材线虫病发生情况汇总统计表

填表单位：_____　　　填表日期：___年___月___日

发生疫情的县级行政区名称	松林面积（万亩）	疫情小班数量（个）	发生面积（万亩）	死亡松树数量（株）				疫情发生乡镇（街道）	
				总数	枯死	濒死	干旱、风折、雪压、火烧等	数量（个）	名称（疫情小班数量）
合计									

填表人：　　　　　　　　　　　　　　审核人：

注：1.“松林面积”指县级行政区内的所有松林的面积。

　　2.“发生面积”按小班统计。

　　3.若为当年新发生，请在县、乡名称后用※注明。

　　4.“名称（疫情小班数量）”填写格式如“东王镇（9个）”。

　　5.“死亡松树”指疫情小班内的枯死（含病死）、濒死松树，以及确认由干旱、风折、雪压、火烧等原因致死的松树。

附4

松材线虫病防治方案编写式样

一、基本情况

（一）森林资源及松林资源概况

（二）松材线虫病发生情况

包括：发生地点、寄主种类、发生面积、病死（濒死、枯死、因灾致死）松树数量、林分状况，以及发生原因等。

二、目标与任务

（一）防治目标

（二）防治任务

三、疫情防治

（一）防治区划

（二）主要防治措施

1. 疫木除治

2. 媒介昆虫防治

3. 检疫封锁

（三）监管措施

（四）档案管理

四、除治质量验收及绩效评价

主要包括：组织形式、检查时间、检查与评价内容、检查与评价方法，以及对防治质量验收和绩效评价不合格的处理措施。

五、经费预算

六、保障措施

主要参考文献

【1】 中国林业科学研究院.中国森林病害[M].北京：中国林业出版社，1984.

【2】 周仲铭.林木病理学[M].北京：中国林业出版社，1990.

【3】 国家林业局森林病虫害防治总站.林业有害生物防治标准化[M].北京：中国林业出版社，2010.

【4】 国家林业局森林病虫害防治总站.中国林业生物灾害防治战略[M].北京：中国林业出版社，2009.

【5】 李成德.森林昆虫学[M].北京：中国林业出版社，2004.

【6】 周嘉熹.西北森林害虫及防治[M].西安：陕西科学技术出版社，1994.

【7】 中国林业科学研究院.中国森林昆虫[M].北京：中国林业出版社，1983.

【8】 江西省森林病虫害防治试验站.森林病虫害图说[M].南昌：江西人民出版社，1981.

【9】 国家林业局森林病虫害防治总站.林用药剂药械使用技术手册[M].北京：中国林业出版社，2008.